Chirale Amidinat-Liganden in der Koordinationschemie der Lanthanoide, des Zinks und des Rheniums und Lanthanoid-Komplexe mit Triazacyclononan-verbrückten Trisarylhydroxid-Liganden

Zur Erlangung des akademischen Grades eines

DOKTORS DER NATURWISSENSCHAFTEN

(Dr. rer. nat.)

Fakultät für Chemie und Biowissenschaften

Karlsruher Institut für Technologie (KIT) – Universitätsbereich

vorgelegte

DISSERTATION

von

Dipl.-Chem. Paul Benndorf

aus Berlin

Dekan: Prof. Dr. S. Bräse

Referent: Prof. Dr. P. W. Roesky

Korreferent: Prof. Dr. A. K. Powell

Tag der mündlichen Prüfung: 12.07.2010

Bibliografische Information der Deutschen Nationalbibliothek

Die Deutsche Nationalbibliothek verzeichnet diese Publikation in der Deutschen Nationalbibliografie; detaillierte bibliografische Daten sind im Internet über http://dnb.d-nb.de abrufbar.

1. Aufl. - Göttingen : Cuvillier, 2010

Zugl.: Karlsruhe, Univ, Diss., 2010

978-3-86955-453-2

Die vorliegende Arbeit wurde von 2006 bis 2010 unter Anleitung von Prof. Dr. Peter W. Roesky an der Freien Universität Berlin (FU) und dem Karlsruher Institut für Technologie (KIT) – Universitätsbereich angefertigt.

Nonnenstieg 8, 37075 Göttingen

Telefon: 0551-54724-0

Telefax: 0551-54724-21

www.cuvillier.de

1. Auflage, 2010

Gedruckt auf säurefreiem Papier

978-3-86955-453-2

INHALTSVERZEICHNIS

1. EINLEITUNG

1.1 Lanthanoide

1.1.1 Einführung

Als Lanthanoide (Ln) werden die Metalle Lanthan und die darauf folgenden 14 Elemente bis zum Lutetium bezeichnet. Im üblichen Periodensystem werden diese zusammen mit den Actinoiden getrennt in einer Extragruppe aufgeführt. Dadurch und durch die Vernachlässigung dieser Elemente in der chemischen Lehre entsteht bei den meisten Chemikern der Eindruck, dass diese relativ selten und die Chemie uninteressant wäre.[1] Verstärkt wird dieser Eindruck durch den historisch bedingten Gebrauch des Begriffes Seltenerdmetalle für Scandium, Yttrium und die Lanthanoide. Dieser Begriff ist etwas irreführend, da die Seltenerdmetalle keineswegs selten vorkommen. So ist Cer weit häufiger in der Erdkruste anzutreffen als z.B. Blei oder Arsen und selbst das seltenste stabile Lanthanoid Europium ist immer noch häufiger als z.B. Iod.[2]

Von den chemischen Eigenschaften her sind sich die Lanthanoide sehr ähnlich. So dachte J. Gadolin als er 1794 die „Yttererden" isolierte, dass es sich um das Oxid eines einzigen Elementes handeln würde.[3] Die ähnlichen chemischen Eigenschaften lassen sich vor allem auf den Atomaufbau zurückführen. So erfolgt bei den Lanthanoiden der Ausbau der drittäußersten Elektronenschale (4f-Orbitale). Da die 4f-Orbitale energetisch tiefer liegen als die 5d- und die 6s-Orbitale und deren radiale Ausdehnung kleiner ist, hat die Anzahl der 4f-Elektronen auf die Chemie der Lanthanoide kaum Auswirkungen.[4] Die 4f-Elektronen sind sozusagen keine Valenzelektronen und somit ist die mit Abstand stabilste Oxidationsstufe der Lanthanoide +III, was auch die große Ähnlichkeit mit den Gruppe-3-Elementen erklärt. Die Oxidationsstufen +II und +IV sind nur für Eu^{2+}, Sm^{2+}, Yb^{2+} und Ce^{4+} relativ einfach erreichbar. Für die anderen Lanthanoide existieren sie entweder gar nicht oder es sind nur wenige Molekülverbindungen bekannt.[5]

Durch die steigende Kernladung mit höherer Ordnungszahl sinken sukzessive die Ionenradien der dreiwertigen Lanthanoide, die sogenannte Lanthanoiden-Kontraktion. Dadurch liegt eine Reihe von 15 Elementen (17 Elemente mit Sc und Y) vor, die sich chemisch ähneln und bei denen der Ionenradius bei konstanter Ladung graduell abnimmt. Dadurch eröffnen sich gegenüber der Nebengruppenmetallchemie ganz neue Möglichkeiten Einfluss auf Reaktivität und Struktur von Komplexen zu nehmen.[6]

Aufgrund der inerten 4f-Elektronen und der relativ großen Ionenradien unterscheidet sich die Koordinationschemie der Lanthanoide relativ stark von der der Nebengruppenmetalle. Lanthanoid-Ionen besitzen eine relativ hohe Lewis-Acidität und neigen zu hohen Koordinationszahlen. Bevorzugt reagieren sie mit starken Lewis-Basen, wie z.B. Wasser, weshalb vor allem in der Organometallchemie der Lanthanoide nur unter rigidem Ausschluss von Luft und Feuchtigkeit gearbeitet werden kann.

Durch die geringe radiale Ausdehnung der 4f-Orbitale stehen sie nicht für Wechselwirkungen mit Ligandenorbitalen zur Verfügung. So sind, ähnlich wie bei den Alkali- und Erdalkalimetallen, vor allem elektrostatische Wechselwirkungen für die Bindung von entscheidender Bedeutung. Dies hat zur Folge, das klassische Liganden der Nebengruppenmetalle in der Chemie der Lanthanoide so gut wie keine Rolle spielen. So sind z.B. Carbonyl-Komplexe bisher nur in einer Argonmatrix bei 4 K isoliert worden, da keine Elektronen für die stabilisierende π-Rückbindung zu Verfügung stehen.[4] Vorteilhafter sind anionische Liganden die sterisch anspruchsvoll genug sind um das große Lanthanoid-Kation gut abzuschirmen. Diese Anforderungen erfüllen der Cyclopentadienyl-Ligand (Cp) und seine Derivate in optimaler Weise. Deswegen war die Organometallchemie der Lanthanoide lange Zeit vom Cyclopentadienyl-Liganden geprägt. Dabei dient er vor allem als sogenannter Zuschauerligand, welcher Komplexe vor Zersetzung schützt, Reaktionszentren formt und selten an chemischen Reaktionen teilnimmt. In neuerer Zeit ist man dazu übergegangen den Cyclopentadienyl-Liganden durch andere Ligandensysteme zu ersetzen. Man erhofft sich dadurch die elektronischen und sterischen Eigenschaften noch einfacher modifizieren zu können.

1.1.2 Lanthanoide in der Katalyse

Ein großer Teil der Forschung an Organolanthanoid-Verbindungen hat das Ziel Katalysatoren für organische Reaktionen zu entwickeln. Es ist gelungen eine Vielzahl von unterschiedlichen organischen Transformationen zu katalysieren. Vor allem bei Olefintransformationen, wie z.B. Hydroaminierung[7], Hydrosilylierung[8] und Polymerisation[9] zeigten die verwendeten Katalysatorsysteme zumeist hohe Aktivitäten.

Damit ein Metallkomplex überhaupt katalytisch aktiv sein kann, muss er über eine freie Koordinationsstelle am Metallzentrum verfügen. Diese ist entweder schon vorhanden oder wird erst im Laufe des katalytischen Prozesses durch Abspalten eines Liganden, der sogenannten Abgangsgruppe, geschaffen. Der ideale Aufbau eines Lanthanoid-Katalysators besteht deswegen aus Zuschauerliganden, die das Reaktionszentrum formen und einer Abgangsgruppe, die die freie Koordinationsstelle schafft (Abbildung 1).

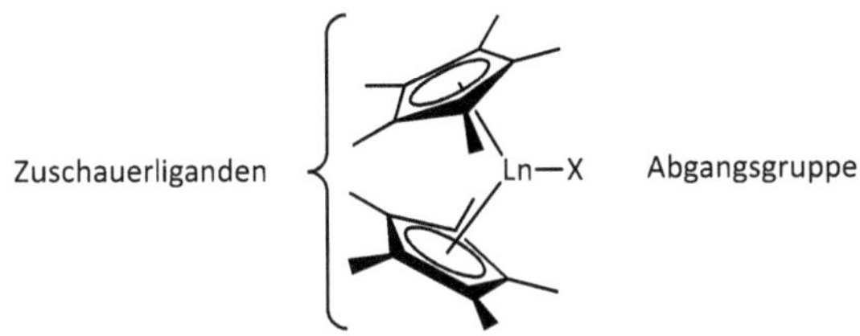

Abbildung 1: *Schema eines Lanthanoid-Katalysators.*

Als Zuschauerliganden dienen neben dem allgegenwärtigen Cycolpentadienyl-Liganden vor allem monoanionische Liganden, wie z.B. Amidinate,[10] β-Diketiminate,[11] Bisoxazolinate,[12] Aminotroponiminate[13] und Bis(phosphinimino)methanide[8b, 14] und dianionische Liganden, wie z.B Diamide,[15] Biphenolate[16] und Binaphtolate.[17] Gute Abgangsgruppen sind vor allem Alkyle wie das Trimetyhlsilylmethanid (TMS) und Amide wie z.B. Bistrimetylsilylamid (BTSA).

Unsere Arbeitsgruppe interessiert sich vor allem für die Katalyse der Hydroaminierung.[13b, 18] Als Hydroaminierung bezeichnet man die formale Addition eines Amins an eine C-C-Mehrfachbindung. Der große Vorteil der katalytischen Hydroaminierung gegenüber anderen Synthesemethoden zur Darstellung von Aminen, wie z.B. der Gabriel-Synthese oder der Staudinger-Reaktion, ist die hohe Atomeffizienz. Es entstehen folglich kaum Abfall- und Nebenprodukte, was ökologisch und ökonomisch sinnvoll ist.

Eine Vielzahl von unterschiedlichen Katalysatorsystemen wurde für diese Reaktion entwickelt. Dabei zeigte sich, dass auf Lanthanoiden basierende Katalysatoren vor allem bei der intramolekularen Hydroaminierung sehr hohe Aktivitäten aufweisen.[7a, 7b] Die Details des Katalysezyklus wurden von der Arbeitsgruppe um T. J. Marks aufgeklärt (Abbildung 2).[19]

Im Initiierungsschritt (**A**) wird durch Protonolyse des Präkatalysators durch ein Aminoalken ein Amido-Komplex gebildet. Über einen viergliedrigen Übergangszustand (**B**) folgt dann die intramolekulare Insertion des Alkens in die Ln-N-Bindung (**C**). Die anschließende Aminolyse der Ln-C-Bindung durch ein weiteres Aminoalken setzt das heterozyklische Produkt frei (**D**) und der Zyklus beginnt erneut.

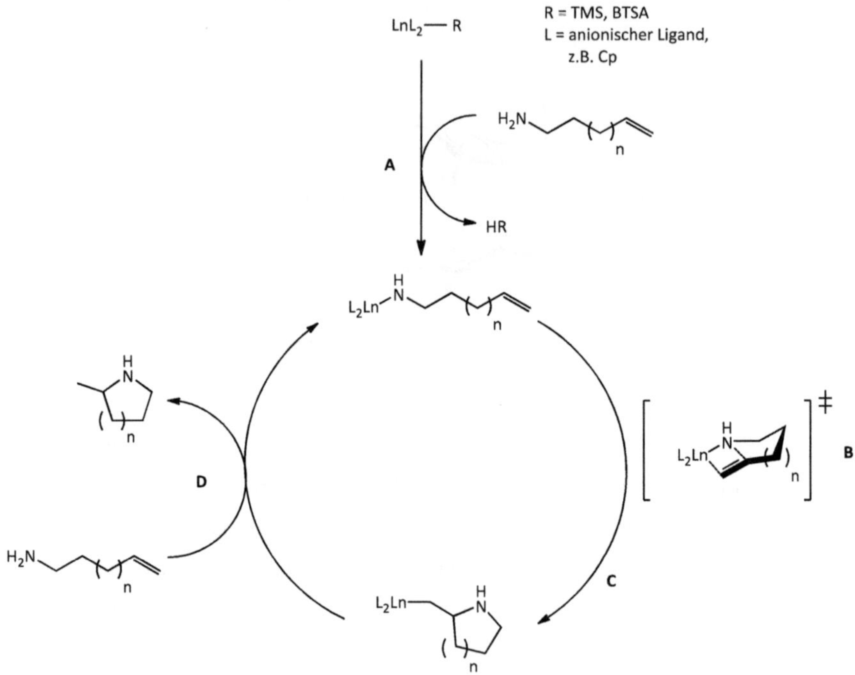

Abbildung 2: *Katalysezyklus der Lanthanoid-katalysierten intramolekularen Hydroaminierung.*

Durch Verwendung von chiralen Katalysatoren ist eine asymmetrische Prozessführung möglich.[7c] Dies ist insbesondere für die pharmazeutische Industrie von Interesse, da chirale Amine und deren Derivate teilweise physiologisch wichtige Bedeutung haben. Da zumeist nur ein Enantiomer pharmakologische Wirkung zeigt, wäre es wünschenswert solche Verbindungen enantiomerenrein zu synthetisieren, da Enantiomerentrennungen normalerweise sehr aufwendig sind.[20] Es wurden zwar schon eine Reihe von chiralen Ligandensystemen für die Organolanthanoid-Katalyse entwickelt, trotzdem steht dieses

Forschungsfeld erst am Anfang.[21] So sind z.B. Amidinate, die sich seit den 1990er als vielseitiges Ligandensystem in der Lanthanoid-Chemie etabliert haben, in ihrer chiralen Form kaum untersucht worden.[22]

1.2 Amidinate

Amidinate sind die Stickstoffanaloga der Carboxylate (Abbildung 3). Sie finden vielfache Anwendung als Liganden in der Haupt- und Nebengruppenchemie und natürlich auch in der Chemie der Lanthanoide.[10, 22]

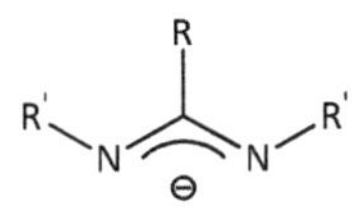

R= H, Alkyl, Aryl
R'= H, Alkyl, Cycloalkyl, Aryl, Trimethylsilyl

Abbildung 3: *Schematischer Aufbau von Amidinaten.*

Beliebt sind sie vor allem, weil sie sich sehr gut modifizieren lassen. So können sterische und elektronische Eigenschaften des Liganden gezielt durch Veränderung der drei Substituenten an der NCN-Einheit gesteuert werden. Damit ist die Optimierung des Katalysatorsystems relativ einfach möglich. Außerdem können Amidinate in einer Vielzahl von verschiedenen Bindungsmodi an das Metallatom koordinieren. Die wichtigsten drei sind in Abbildung 4 dargestellt. Am häufigsten chelatisiert der Amidinat-Ligand das Metallatom (**I**). Wenn sterisch sehr anspruchsvolle Substituenten vorhanden sind, können Amidinate auch als einzähnige Liganden fungieren (**II**). Es ist aber auch möglich, dass sie zwei Metallatome miteinander verbrücken (**III**), ein Strukturmotiv welches oft bei den Nebengruppenmetallen auftritt.[22]

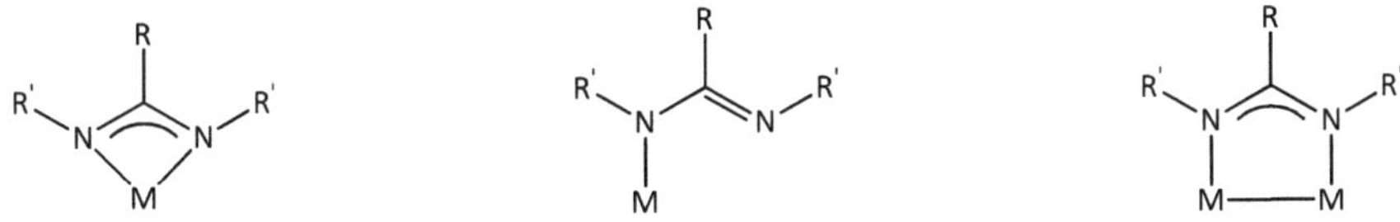

I **II** **III**

Abbildung 4: *Bindungsmodi des Amidinat-Ligandens.*

Die Vielseitigkeit des Liganden zeigt sich auch in der Koordinationschemie der Lanthanoide. So können die am besten untersuchten Amidinat-Liganden, die *N,N'*-Bis-(trimethylsilyl)benzamdinate, Lanthanoid-Komplexe in allen drei Oxidationsstufen (+II, +III, +IV) stabilisieren.[10] Außerdem kann der Ligand sowohl Mono-, Bis- und Trisamidinat-Lanthanoid-Komplexe ausbilden. Nur wenige Ligandensysteme zeigen solch eine Vielseitigkeit. Hessen *et al.* konnten mit einem sterisch sehr anspruchsvollen 2,6-Di-(*iso*-propyl)phenyl substituierten Benzamidinat-Liganden, kationische Monoamidinat-Lanthanoid-Alkyl-Komplexe synthetisieren.[23] Es konnte dabei sowohl für die großen (La, Nd), mittleren (Gd, Y) als auch für die kleinen (Lu, Sc) Seltenerdmetallen stabile Komplexe erhalten werden.

Trotz dieser überragenden Eigenschaften des Liganden, sind kaum Verbindungen mit chiralen Amidinaten bekannt. So sind bisher nur einige Komplexe mit Gruppe-4-Metallen,[24] Molybdän,[25] Nickel[25-26] und Rhodium[27] mit chiralen Amidinat-Liganden synthetisiert worden. Dazu wurden zumeist die in Abbildung 5 dargestellten Amidine verwendet.

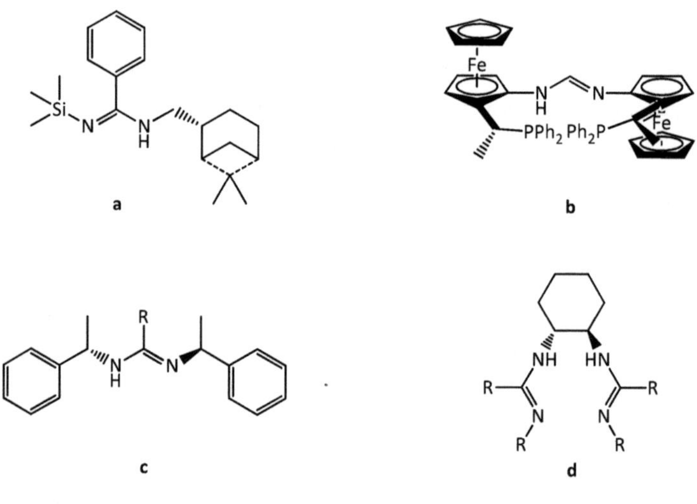

Abbildung 5: *Literaturbekannte chirale Amidine.*

Chirale Amidinat-Seltenerdmetall-Komplexe sind dagegen noch nicht publiziert worden. Hill *et al.* versuchten zwar mit dem Bisamidin-Liganden **d** Yttrium-Komplexe zu synthetisieren, blieben jedoch ohne Erfolg.[28]

1.3 Zink

Während Organolanthanoid-Katalysatoren meist hohe Aktivitäten aufweisen, sind sie zumeist nicht sehr tolerant gegenüber funktionellen Gruppen des Substrates. Zink-Katalysatoren dagegen sind in der Regel nicht so aktiv, aber erlauben zumeist eine Vielzahl unterschiedlicher funktionaler Gruppen. Dies ist auf die Eigenschaften des Zinks zurückzuführen.

Zink bildet zusammen mit Cadmium und Quecksilber die zwölfte Gruppe des Periodensystems. Da die 3d-Orbitale vollbesetzt sind, treten in Komplexverbindungen des Zinks keine Ligandenfeldstabilisierungseffekte auf. Seine Koordinationschemie wird hauptsächlich durch Ionengröße und kovalente Bindungskräfte bestimmt. Deshalb weist es eine große Flexibilität in Bezug auf Koordinationszahlen und -muster auf. Allgemein ist das chemische Verhalten von Organozink-Verbindungen mit denen des Magnesiums vergleichbar. Sie zeigen aber zumeist eine geringere Reaktivität, welches auf den hohen Kovalenzgrad der Zn-Ligand-Bindung und auf die geringe Lewis-Acidität des Zink-Zentrums zurückzuführen ist.[6]

Großes Interesse an Zink-Komplexen besteht vor allem dadurch, dass es in der Natur Bestandteil von über 300 Enzymen ist.[29] Deswegen wurden eine Vielzahl von Koordinationsverbindungen des Zinks synthetisiert und ihre katalytischen Eigenschaften getestet.[30] Komplexe mit Amidinat-Liganden sind dagegen relativ wenig untersucht worden.[22] Diese zeigen eine relativ große Strukturvielfalt. So können mit zumeist sterisch anspruchsvollen Amidinat-Liganden, mononukleare homo- bzw. heteroleptische Amidinat-Zink-Komplexe erhalten werden.[31] Die Synthese von heteroleptischen Zink-Komplexen erweist sich dabei als problembehaftet. Andere Amidinat-Liganden können dagegen solche Komplexe nicht stabilisieren, was dann zur Ausbildung von Amidinat-Zink-Clustern führt.[32] Chirale Amidinat-Zink-Komplexe sind bislang nicht bekannt.

1.4 Organorhenium(VII)oxid

Neben der katalytischen Anwendung von metallorganischen Zink-Komplexen eignen sie sich auch hervorragend als Ausgangsverbindungen für die Synthese von Organorhenium(VII)oxiden. Diese zeigen interessante katalytische Eigenschaften und sind deshalb Gegenstand intensiver Forschungsarbeit.[33] Klassische Synthesemethoden, wie z.B.

die Salzmetathese mit Lithium-, Magnesium- oder Aluminiumalkylen führen aufgrund der hohen Oxidationsstufe des Rheniums in den meisten Fällen zur Reduktion des Metallzentrums und sind deswegen ungeeignet. Daher ist die Synthese meistens nur unter milden Bedingungen mit nicht reduktiven Reagenzien möglich. Die Anwendung von Zinn- oder Zinkorganylen hat sich dabei bewährt.[34] Mit diesen Alkylierungsmitteln kann Re_2O_7 zu den entsprechenden Alkyltrioxorhenium-Verbindungen umgesetzt werden ohne nennenswert reduziert zu werden (Abbildung 6).

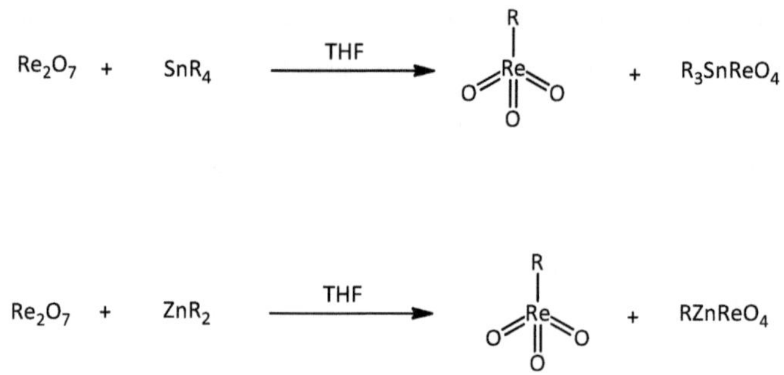

Abbildung 6: *Synthese von Alkyltrioxorheniumverbindungen.*

Das wohl wichtigste Organorhenium(VII)oxid, das Methyltrioxorhenium (MTO), kann durch Umsetzung mit Tetramethylzinn synthetisiert werden.[33b] MTO hat sich als vielseitig einsetzbarer Katalysator erwiesen. Es ist ein hervorragender Oxidations-Katalysator der im System mit Wasserstoffperoxid z.B. die Epoxidierung von Olefinen,[33c, 35] die Oxidation von Dimethylhydrazonen[36] und die Baeyer-Villiger-Oxidation[37] katalysiert. Die Derivatisierung des Katalysators gestaltet sich schwierig, da viele Organorhenium(VII)oxide, im Gegensatz zu MTO, kinetisch labil sind und sich zumeist schon bei Raumtemperatur zersetzen. Deswegen ist es noch nicht gelungen chirale MTO-Derivate zu synthetisieren, welche nicht auf Säure-Base-Addukte basieren.[38]

Amidinat-Komplexe sind so gut wie unbekannt. Einzig Walther *et al.* gelang es durch Umsetzung von Di-(bis-trimethylsilyl)benzamidinato-Zink mit Re_2O_7 einen entsprechenden Amidinat-Trioxorhenium-Komplex darzustellen.[39]

1.5 Triazacyclononan-verbrückte Trisarylhydroxid-Liganden ((^{R}ArOH)$_3$tacn)

Wie eingangs schon erwähnt wurde, sind Koordinationsverbindungen der Lanthanoide mit klassischen Liganden der Nebengruppen, wie Kohlenstoffmonoxid, selten oder nicht existent. Um solche Komplexe stabilisieren zu können, muss das Zentralatom sterisch sehr stark abgeschirmt werden um die schwache Ligand-Metall-Wechselwirkung zu schützen. Dafür eignen sich hervorragend die makrozyklischen, hexadentalen, Triazacyclononan-verbrückten Trisarylhydroxid-Liganden ((^{R}ArOH)$_3$tacn) (Abbildung 7).[40] Durch die drei Sauerstoffdonoren wird eine starke Bindung zum Metallzentrum gewährleistet. Der Triazacyclononanring stabilisiert durch seine drei Stickstoffdonoren den Komplex zusätzlich und schützt ihn aufgrund seines sterischen Ausmaßes. Dadurch wird am Metall eine verzerrt oktaedrische Koordinationsgeometrie erhalten und dieses käfigartig umschlossen. Es verbleibt eine kleine Koordinationsstelle an der Unterseite, deren Größe mit dem Substituenten R_1 beeinflusst werden kann. Mit dem Rest R_2 kann die Löslichkeit des Komplexes gesteuert werden.[41]

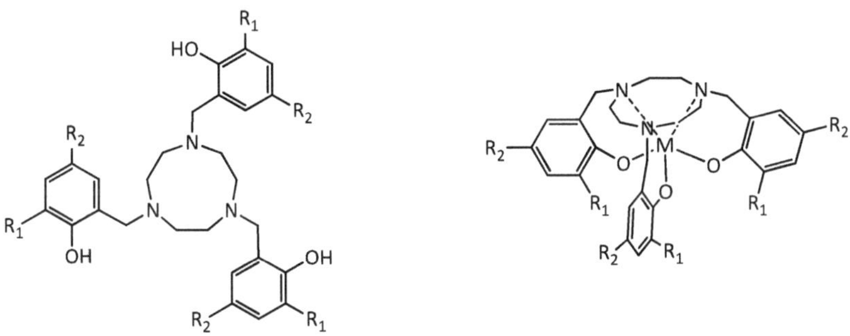

Abbildung 7: *links: Schematischer Aufbau von* (^{R}ArOH)$_3$tacn; rechts: Schematischer Aufbau eines (^{R}ArO)$_3$tacn-Komplexes mit dreiwertigem Metallzentrum.

Meyer *et al.* konnten mit Uran(III) als Metallzentrum eindrucksvoll zeigen, dass die freie Koordinationsstelle durch kleine Moleküle wie Acetonitril oder Azid besetzt werden kann.[42] Aufgrund der leichten Oxidierbarkeit von Uran(III) war es sogar möglich CO_2 und CO zu aktivieren.[41]

2. AUFGABENSTELLUNG

Aufgrund der erfolgreichen Verwendung von achiralen Lanthanoid-Komplexen als Katalysatoren in verschiedenen organischen Transformationen sollten im Rahmen dieser Dissertation chirale Amidinat-Komplexe der Lanthanoide synthetisiert und charakterisiert werden. Bei der Entwicklung der Systeme sollte die spätere Verwendung als Homogenkatalysatoren für die asymmetrische Hydroaminierung berücksichtigt werden. Als Ligandensystem sollten (*S*,*S*)- bzw. (*R*,*R*)-*N*,*N*'-Bis-(1-phenylethyl)-amidinate eingesetzt werden. Diese sollten entweder durch Salzmetathese- oder durch Metallierungsreaktionen in die Koordinationssphäre des Metalls eingeführt werden.

Desweiteren sollten mit diesen Amidinat-Liganden chirale Zink-Komplexe dargestellt und charakterisiert werden. Zum einen sollten heteroleptische Komplexe dargestellt werden, da zu erwarten war, dass sich diese ebenfalls als Hydroaminierungs-Katalysatoren eignen würden. Zum anderen sollten die homoleptischen Koordinationsverbindungen als Ausgangsmaterial zur Synthese chiraler Rhenium(VII)oxid-Komplexe dienen.

In Kooperation mit der Arbeitsgruppe *Meyer* (Universität Erlangen-Nürnberg) sollten die Triazacyclononan-verbrückten Trisarylhydroxid-Liganden ((^R^ArOH)tacn) in die Komplexchemie der Lanthanoide eingeführt werden. Diese sollten dann auf ihre Eignung zur Aktivierung kleiner Moleküle, wie z.B. CO_2, untersucht werden.

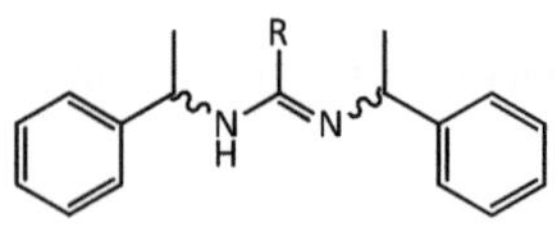

R = Ph, *t*Bu

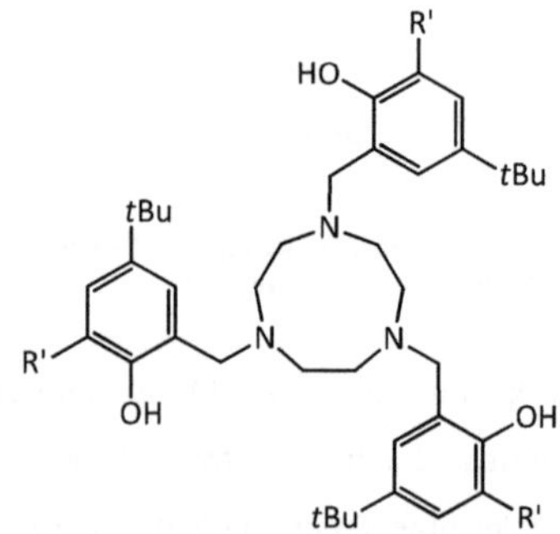

R' = *t*Bu, Adamantyl

Abbildung 8: Verwendete Ligandensysteme.

3. ERGEBNISSE UND DISKUSSION

3.1 Synthese der chiralen Amidine und Amidinate

Aufgrund der häufigen Verwendung von Amidinen als Liganden in der Komplexchemie haben sich eine Vielzahl von Synthesemethoden etabliert.[43] In der Organometallchemie werden Amidine vor allem über Imidoylchloride (Abbildung 9) oder über Carbodiimide (Abbildung 14) synthetisiert.[44]

3.1.1 Synthese von (S,S)- bzw. (R,R)-N,N'-Bis-(1-phenylethyl)benzamidin ((S)- bzw. (R)-PEBA)

Das (*S*,*S*)- bzw. (*R*,*R*)-*N*,*N*'-Bis-(1-phenylethyl)benzamidin ((*S*)- bzw. (*R*)-HPEBA) ist literaturbekannt. So konnten Brunner *et al.* einige chirale [Cp(CO)$_2$Mo(PEBA)]-Komplexe synthetisieren und nutzten den Liganden als Co-Katalysator zusammen mit Rhodium-Verbindungen in der Hydrierung von prochiralen Olefinen.[25, 27a] Das Amidin wurde über die Imidoylchlorid-Route synthetisiert. Es wurde aber immer nur als Öl erhalten und ohne Charakterisierung und weiterer Reinigung in der Synthese eingesetzt. Die Kristallstruktur von (*S*)-HPEBA konnte von Bernal *et al.* aufgeklärt werden.[45] Für die Synthese und Charakterisierung wurde aber auf die Publikation von Brunner *et al.* verwiesen. Yashima *et al.* veröffentlichten 2006 dann erstmals eine funktionierende Synthesevorschrift basierend auf der Carbodiimid-Route, mussten das Produkt aber umständlich über Säulenchromatographie reinigen.[46]

Aus diesem Grund wurde in der vorliegenden Arbeit versucht für die Darstellung des HPEBA einen anderen Syntheseweg zu verwenden. Dazu wurde die Synthesemethode von Brunner *et al.* stark modifiziert (Abbildung 9). Im ersten Schritt der Synthese erfolgt die Umsetzung eines Carbonsäurechlorides mit dem chiralen 1-Phenyletyhlamin zum entsprechenden Amid. Dieses wird dann in der 2. Stufe mittels Oxalylchlorid und Lutidin in das Imidoylchlorid transformiert. Üblicherweise werden PCl$_5$ oder Thionylchlorid als Chlorierungsmittel verwendet. Diese führen allerdings vor allem bei dem Einsatz von aliphatischen Aminen zur Bildung größerer Mengen an Nebenprodukten, was die spätere Reinigung erschwert.[47] Deswegen wurde auf die Synthesemethode von Cunico *et al.* zurückgegriffen.[47-48] Im abschließenden Syntheseschritt wird das Imidoylchlorid nochmals mit 1-Phenyletyhlamin umgesetzt und nach basischer Aufarbeitung erhält man das gewünschte Amidin.

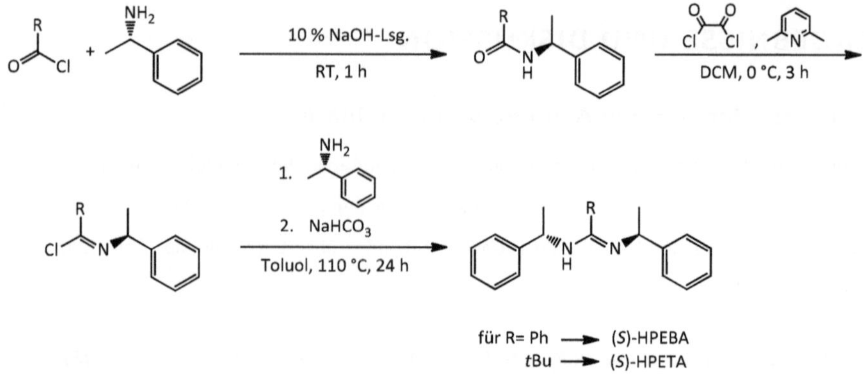

Abbildung 9: *Darstellung von N,N'-Bis((S)-1-phenylethyl)amidinen über die Imidoylchlorid-Route.*

HPEBA wird dabei als Feststoff erhalten, der aus einer heißgesättigten Ethanol-Lösung kristallisiert werden kann. Es wurden sowohl (*R*)- als auch (*S*)-HPEBA enantiomerenrein erhalten. Die Verbindungen wurden über standardanalytische Verfahren charakterisiert. Die Daten stimmen mit denen der Literatur überein.[46]

Aufgrund von (*Z*)-(*E*)-Isomerie und Tautomerie sind NMR-Spektren von Amidinen zumeist sehr komplex und stark vom eingesetzten Lösungsmittel und der Messtemperatur abhängig. Dies ist auch bei HPEBA der Fall. Sehr breite Signale werden erhalten, wenn die NMR-Probe in deuterierten Chloroform gemessen wird. Dadurch sind die NMR-Spektren zumeist nicht sehr aussagekräftig. Verwendet man dagegen deuteriertes Dimetylsulfoxid, welches Protonenaustausch stark verlangsamt, sind die zu erwartenden Signale vorhanden (Abbildung 10).[49] Aufgrund der unterschiedlichen chemischen Umgebung werden jeweils zwei Signale für die zwei unterschiedlichen Methyl- (5.16, 4.06 ppm) und Methin-Gruppen (1.40, 1.20 ppm) im ^{1}H-NMR-Spektrum erhalten. Dabei sind die Signale des an das Imin gebundenen Substituenten tieffeldverschoben. Auch im ^{13}C-{^{1}H}-NMR-Spektrum sind vier unterschiedliche Signale für die aliphatischen Kohlenstoffatome vorhanden (57.2, 50.1, 27.3, 23.6 ppm).

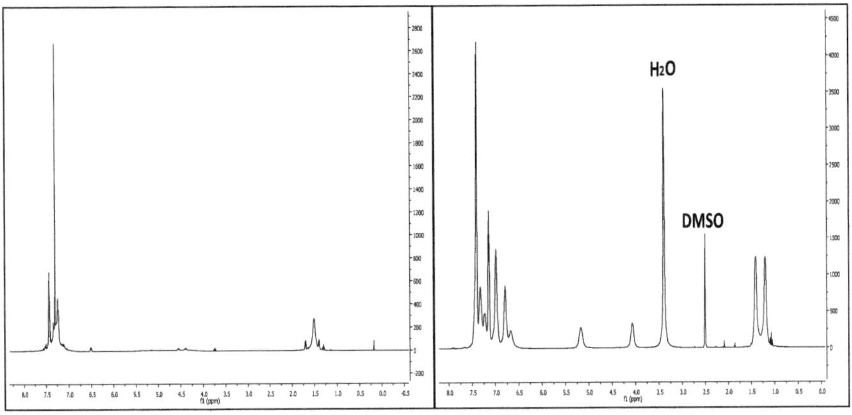

Abbildung 10: *^{1}H-NMR-Spektren von HPEBA in $CDCl_3$ (links) und D_6-DMSO (rechts).*

Zusätzlich wurde noch von (*R*)-HPEBA eine Einkristallröntgenstrukturanalyse durchgeführt. (*R*)-HPEBA kristallisiert in der orthorhombischen Raumgruppe $P2_12_12_1$ mit vier Molekülen in der Elementarzelle (Abbildung 11). Es ist isostrukturell zu der schon publizierten Struktur des (*S*)-HPEBA.[45] Es kristallisiert in der *E-syn*-Konfiguration, welche auch bei anderen strukturell charakterisierten Amidinen häufig auftritt.[50] Die Bindungslängen für die C1-N1 Iminbindung (1.276(2) Å) und die C1-N2 Aminbindung (1.374(2) Å) weisen typische Werte für Amidine auf.[44] Der N1-C1-N2 Bindungswinkel liegt mit 119.7(2)° im idealen Bereich für ein sp^2-hybridisiertes Kohlenstoffatom.

Die Phenylgruppe des Zentralkohlenstoffatoms besitzt einen Torsionswinkel von 66.7° zur heteroallylischen NCN-Einheit. Große Torsionswinkel sind ein charakteristisches Merkmal für Benzamidine. Es kommt dementsprechend zu keinerlei Konjugation des aromatischen Systems mit der Doppelbindung. Die Phenylgruppen der Phenylethyl-Einheiten ordnen sich relativ parallel zum zentralen aromatischen Ring und liegen beide auf der gleichen Seite der NCN-Ebene. Eine Dimerisierung von HPEBA über Wasserstoffbrücken-Bindungen tritt nicht auf, da der Phenylethyl-Substituent sterisch zu anspruchsvoll ist.[50b]

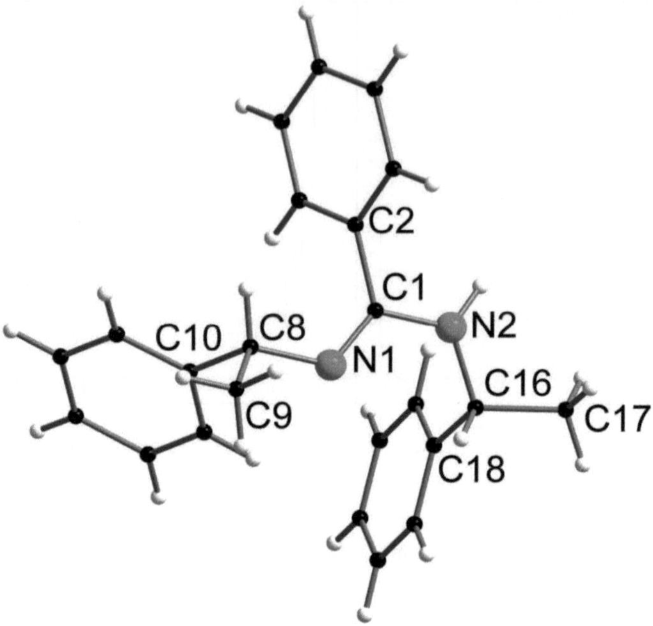

Abbildung 11: *Struktur von (R)-HPEBA im Festkörper. Ausgewählte Abstände [Å] und Winkel [°]: N1-C1 1.276(2), N1-C8 1.457(2), C1-N2 1.374(2), C1-C2 1.500(2), N2-C16 1.454(2), C8-C10 1.518(3), C8-C9 1.528(3), C16-C17 1.517(3), C16-C18 1.521(3); C1-N1-C8 119.62(14), N1-C1-N2 119.7(2), N1-C1-C2 127.3(2), N2-C1-C2 113.0(2), C1-N2-C16 120.9(2), N1-C8-C10 110.29(14), N1-C8-C9 108.88(15), C10-C8-C9 110.5(2), N2-C16-C17 108.8(2), N2-C16-C18 112.95(14), C17-C16-C18 111.9(2); N2-C1-C2-C3 66.7(2).*

3.1.2 Synthese von N,N'-Bis-((S)-1-phenylethyl)tert-butylamidin ((S)-HPETA)

Das *N*,*N*'-Bis-((*S*)-1-phenylethyl)*tert*-butylamidin ((*S*)-HPETA) wird ebenfalls nach der Imidoylchlorid-Route erhalten (Abbildung 9). Im Gegensatz zu HPEBA fällt es aber ölig an. Analytisch reines Öl wird durch das Umkristallisieren des Hydrochlorid-Adduktes (*S*)-HPETA·HCl aus Toluol und anschließender basischer Aufarbeitung erhalten. Beide Verbindungen wurden standardanalytisch charakterisiert. Wie schon beim HPEBA sind die NMR-Spektren der beiden Verbindungen recht komplex. Auch die Änderung des NMR-Lösungsmittels führt zu keiner Verbesserung. Elementaranalyse, IR-Spektroskopie und Massenspektrometrie liefern aber die erwarteten Werte.

Außerdem konnten Einkristalle aus einer heißgesättigten Toluol-Lösung von (*S*)-HPETA·HCl erhalten werden. Es kristallisiert in der monoklinen Raumgruppe $P2_1$ mit vier Molekülen

HPETA·HCl und zwei Molekülen Toluol in der Elementarzelle (Abbildung 12). Die Bindungslängen C1-N1 und C1-N2 sind mit 1.316(3) Å und 1.323(3) Å nahezu identisch und liegen zwischen denen des HPEBA. Dies lässt auf ein delokalisiertes π-Elektronensystem schließen, was typisch für Amidinium-Kationen ist. Aufgrund des sterisch größeren Anspruchs der *tert*-Butyl-Gruppe stehen beide Phenylethyl-Substituenten *trans* zu dieser. Wie auch schon beim HPEBA stehen beide Phenylgruppen fast parallel zueinander, dafür aber auf unterschiedlichen Seiten der NCN-Ebene. Der N1-C1-N2 Bindungswinkel ist mit 125.2(2)° etwas größer als der des HPEBA.

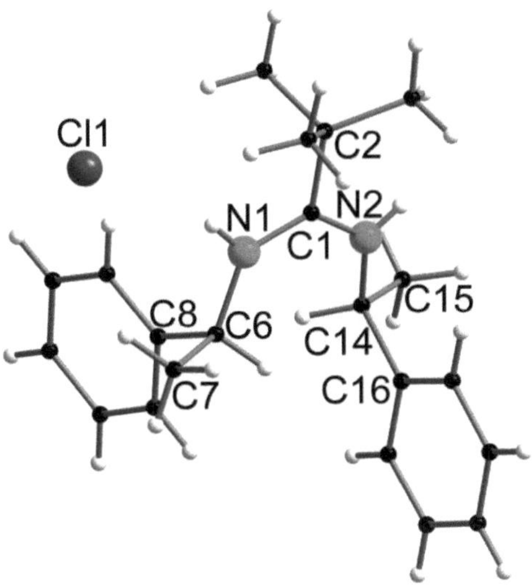

Abbildung 12: *Struktur von (S)-HPETA·HCl im Festkörper. Ausgewählte Abstände [Å] und Winkel [°]: C1-N1 1.316(3), C1-N2 1.323(3), C1-C2 1.537(4), C6-N1 1.471(4), C6-C8 1.520(4), C6-C7 1.537(4), C14-N2 1.465(3), C14-C16 1.520(4), C14-C15 1.528(4); N1-C1-N2 125.2(2), N1-C1-C2 115.9(2), N2-C1-C2 118.8(2), N1-C6-C8 113.2(2), N1-C6-C7 108.0(2), C8-C6-C7 110.5(2), N2-C14-C16 112.2(2), N2-C14-C15 109.0(2), C16-C14-C15 110.9(2).*

3.1.3 Synthese von Lithium-N,N'-Bis-((S)-1-phenylethyl)tert-butylamidinat ((S)-LiPETA)

Da (*S*)-HPETA bei der Synthese als Öl anfällt und die Reinigung aufwendig ist, wurde Lithium-*N*,*N*'-Bis-((*S*)-1-phenylethyl)*tert*-butylamidinat ((*S*)-LiPETA) über das entsprechende Bis-((*S*)-1-Phenylethyl)carbodiimid ((*S*)-PEC) synthetisiert. (*S*)-PEC ist literaturbekannt und mit einer

Vielzahl von unterschiedlichen Synthesemethoden dargestellt worden. Üblicherweise wird es über Thioharnstoffe mit geeigneten Reagenzien, wie z.B. HgO, durch H_2S-Abspaltung synthetisiert.[51] Da dabei meist auf sehr giftige und in der Entsorgung schwierige Chemikalien zurückgegriffen wird, wurde ein anderer Syntheseweg gewählt (Abbildung 13). Durch die Umsetzung von Harnstoff mit zwei Äquivalenten (*S*)-1-Phenyletyhlamin in Isoamylalkohol kann das entsprechende (*S*)-Phenylethyl-Harnstoffderivat synthetisiert werden.[52] Dieses wird dann durch ein Gemisch aus Triphenylphosphan, Tetrachlorkohlenstoff und Triethylamin zum (*S*)-(PEC) dehydratisiert.[53] Die Reinigung erfolgt durch eine Vakuumdestillation. Zur Charakterisierung wurden NMR-, IR- und Massenspektren gemessen. Die erhaltenen Werte stimmten mit denen der Literatur überein.[52] Das Ergebnis der Elementaranalyse stimmte mit den theoretischen Werten überein.

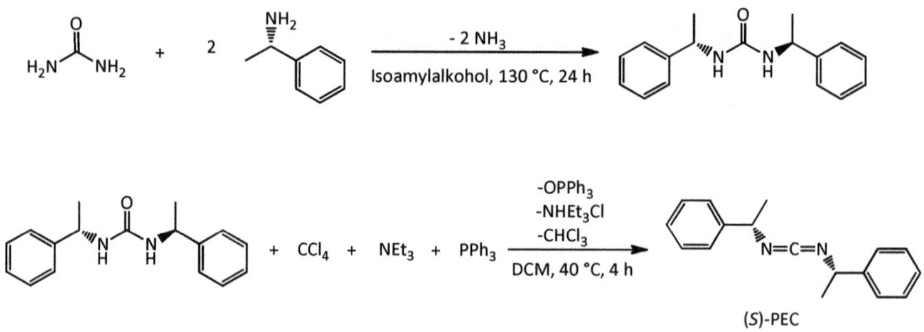

Abbildung 13: *Darstellung von (S)-PEC.*

Das Carbodiimid Kohlenstoffatom kann durch geeignete Nucleophile angegriffen werden. So lässt sich durch Umsetzung mit *tert*-Butyllithium das (*S*)-LiPETA darstellen (Abbildung 14). Durch die Koordination des PETA an das Lithiumatom kommt es zu einer Symmetrieerhöhung, wodurch die NMR-Spektren gegenüber dem Neutralliganden deutlich vereinfacht werden. Während für HPETA nur sehr breite Signale bei der ^{1}H-NMR-Messung detektiert werden konnten, werden für LiPETA gut aufgelöste Spektren erhalten. So wird ein Quartett (5.14 ppm, ^{3}J = 6.4 Hz) für die Protonen der beiden Methin-Gruppen detektiert, die mit den Methylprotonen koppeln (Dublett, 1.25 ppm, ^{3}J = 6.4 Hz). Für die *tert*-Butyl-Protonen wird ein Singulett bei 1.17 ppm erhalten. Auch im $^{13}C\{^{1}H\}$-NMR-Spektrum sind nur zwei Signale für die Methin-Gruppen (56.3 ppm) und Methyl-Gruppen (39.3 ppm) vorhanden. Die Massen- und IR-Spektren bestätigen die erfolgreiche Synthese.

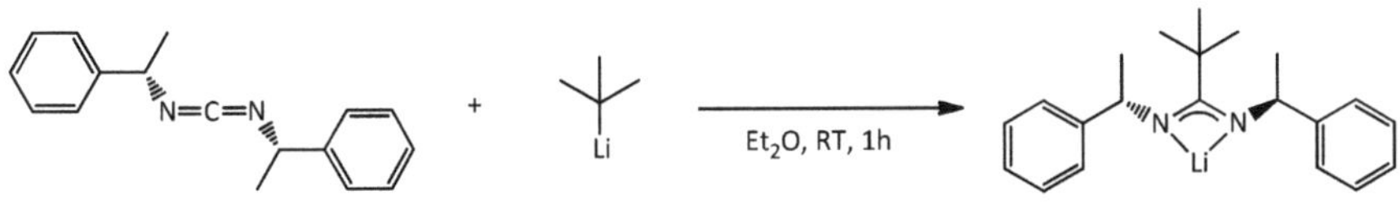

(*S*)-LiPETA

Abbildung 14: *Darstellung von (S)-LiPETA.*

3.1.4 Synthese von Lithium-N,N'-Bis-((S)-1-phenylethyl)benzamidinat ((S)-LiPEBA)

Die Synthese von Lithium-*N*,*N*'-Bis-((*S*)-1-phenylethyl)benzamidinat ((*S*)-LiPEBA) erfolgt über die Umsetzung von (*S*)-HPEBA mit *n*-Butyllithium (Abbildung 15). Der rot-orangene Feststoff wurde über NMR- und IR-Spektroskopie und Massenspektrometrie charakterisiert. Wie schon beim (*S*)-LiPETA vereinfachen sich die NMR-Spektren gegenüber denen des Neutralliganden HPEBA. So sind die Protonen der beiden Methin-Guppen nun homotop zueinander und ergeben ein Signal bei 4.32 ppm. Ebenso verhält es sich mit den Methyl-Protonen (1.41 ppm, Dublett, ^{3}J = 6.5 Hz).

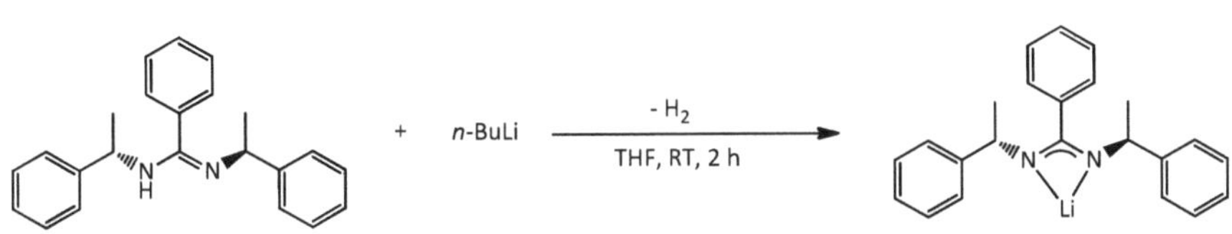

(*S*)-LiPEBA

Abbildung 15: *Darstellung von (S)-LiPEBA.*

3.1.5 Synthese von Kalium-N,N'-Bis-(1-phenylethyl)benzamidinat ((S)-KPEBA)

Da Lithiumorganyle in der Salzmetathese mit Lanthanoidtrichloriden dazu neigen „at“-Komplexe zu bilden, bei denen sich LiCl in die Koordinationssphäre des Seltenerdmetallkomplexes einlagert, wurde auch das Kaliumsalz von (*S*)-HPEBA dargestellt. Das Kalium-*N*,*N*'-Bis-((*S*)-1-phenylethyl)benzamidinat (*S*)-(KPEBA) wurde durch Umsetzung von (*S*)-HPEBA mit Kaliumhydrid in siedendem THF als schwach orangener Feststoff erhalten (Abbildung 16). Führt man die Reaktion bei Raumtemperatur durch, erhält man nur ein öliges Produkt, da die Umsetzung nicht vollständig ist. Das hängt damit zusammen, dass Amidine relativ basisch sind und die Deprotonierung dementsprechend nicht so einfach möglich ist.[54] Interessanterweise tritt eine Racemerisierung des Produktes ein, wenn die Umsetzung in siedendem Toluol erfolgt. Entsprechendes ist für chirales 1-Phenyletyhlamin bekannt. So erfolgt dessen Racemerisierung mit katalytischen Mengen von Kaliumamid bzw. Kaliumhydrid in einem Temperaturbereich von 70 - 150 °C innerhalb weniger Minuten.[55]

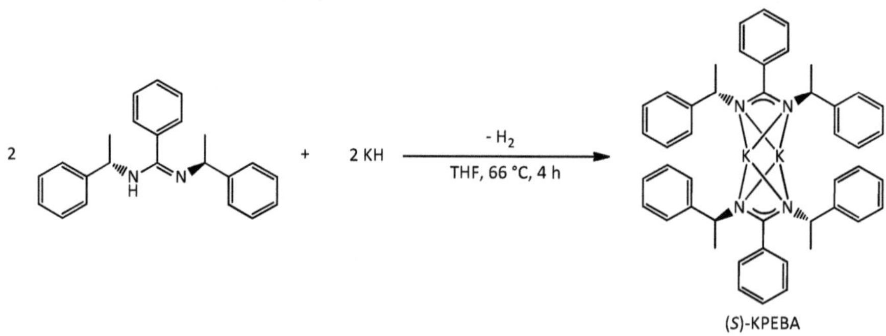

Abbildung 16: *Darstellung von (S)-KPEBA.*

KPEBA wurde standardanalytisch charakterisiert. Die NMR-Spektren ähneln dem des LiPEBA. Die Signale sind in diesem Fall breiter und es ist kein Kopplungsmuster zu erkennen. Dies spricht für eine größere Dynamik des Komplexes in Lösung. So zeigt das ^{1}H-NMR-Spektrum ein Signal bei 4.22 ppm für die Methin-Protonen und ein Signal bei 1.30 ppm für die Methyl-Protonen. Gegenüber LiPEBA sind sie leicht ins Hochfeld verschoben. Die Verschiebungen im ^{13}C{^{1}H}-NMR-Spektrum sind dagegen äquivalent (*C*H: 57.2 ppm; *C*H$_3$: 22.3 ppm). IR-

Spektroskopie und Elementaranalyse liefern die erwarteten Werte. Im EI-Massenspektrum werden dagegen nur der Molpeak des Liganden und sein Fragmentierungsmuster detektiert.

Vom racemischen KPEBA können geeignete Kristalle für eine Röntgenstrukturanalyse aus Toluol/*n*-Pentan erhalten werden. Es kristallisiert in der monoklinen Raumgruppe $P2_1/n$ mit zwei Molekülen in der Elementarzelle. In der Festkörperstruktur liegt KPEBA dimerisiert vor. Die beiden Kaliumatome werden μ-η_2:η_2 von den Amidinat-Liganden koordiniert. Die vier Stickstoffatome der Amidinat-Liganden sind koplanar zueinander angeordnet. Die Kalium-Atome liegen jeweils über bzw. unter der von den Stickstoffatomen gebildeten Ebene. Für Kaliumamidinat-Komplexe ist dies ein verbreitetes Strukturmotiv.[56] Im Zentrum der Ebene der Stickstoffatome befindet sich ein kristallographisches Inversionszentrum. Die asymmetrische Einheit beinhaltet demzufolge nur eine KPEBA-Monomereinheit. Die Bindungslängen K-N1 (2.831(4) Å) und K-N2 (2.830(4) Å) sind identisch, der Ligand ist dementsprechend symmetrisch koordiniert. Die Abstände zwischen C1-N1 (1.334(5) Å) und C1-N2 (1.336(5) Å) sind ebenfalls identisch. Es liegt also eine vollständige Delokalisierung der Doppelbindung vor. Der N1-C1-N2 Winkel ist mit 117.2(4)° um 2° kleiner als beim Neutralliganden HPEBA. Der K-K' Abstand beträgt 3.352(2) Å, welches ungefähr dem doppelten Ionenradius eines achtfach koordiniertem Kalium-Ions entspricht (1.65 Å).[2] Bindungslängen und –winkel liegen im Bereich literaturbekannter Verbindungen.[56]

Ungewöhnlich bei diesem Strukturmotiv ist die Koordination des Toluols an das Kalium. Üblicherweise kristallisieren Kaliumamidinat-Komplexe entweder ohne koordinierende Lösungsmittel oder mit starken Donorlösungsmitteln wie z.B. THF, welche dann polymere Ketten ausbilden. Desweiteren wird die Koordinationssphäre des Kaliums durch Wechselwirkungen mit einem der Phenylringe des Liganden gesättigt. So stellt sich der eine Phenylring der Phenylethyl-Substituenten, wie erwartet parallel zum Phenylring des zentralen Kohlenstoffatoms, der andere dagegen steht senkrecht dazu um besser mit dem Kaliumatom wechselwirken zu können. So beträgt der Abstand zwischen C19 des Phenylringes und dem Kaliumatom 3.555(8) Å. Im Vergleich dazu liegen die Abstände der aromatischen Kohlenstoffatome des Toluols zum Kaliumatom im Bereich von 3.349(8) - 3.554(7) Å, also in der gleichen Größenordnung. Die Abweichungen der Bindungsabstände des Toluolrings zum Kaliumatom beruhen darauf, dass dieser nicht ganz symmetrisch an das Kalium koordiniert.

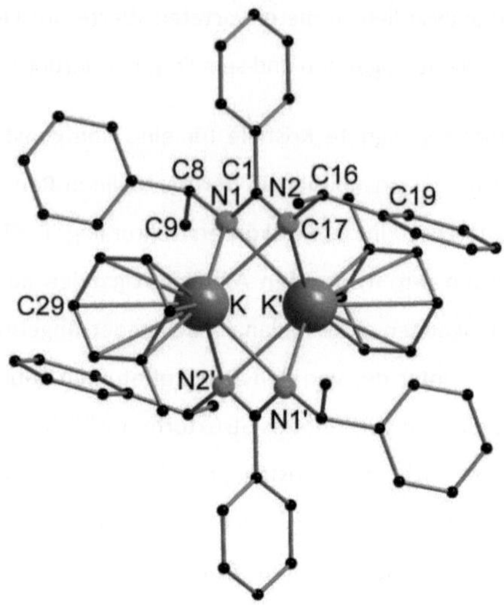

Abbildung 17: *Struktur von KPEBA im Festkörper ohne Darstellung der Wasserstoffatome. Ausgewählte Abstände [Å] und Winkel [°]: C1-N1 1.334(5), C1-N2 1.336(5), C8-N1 1.481(5), C8-C9 1.527(7), C16-N2 1.465(5), C16-C17 1.516(7), K-N2 2.830(4), K-N1 2.831(4), C19-K 3.555(8), C25-K 3.451(7), C26-K 3.349(8), C27-K 3.381(10), C28-K 3.436(10), C29-K 3.530(9), C30-K 3.554(7), K-K‘ 3.352(2); N1-C1-N2 117.2(4), N1-C1-C2 121.7(4), N2-C1-C2 121.1(4), N1-C1-K 63.0(2), N2-C1-K 62.8(2), N1-C8-C9 107.8(4), C10-C8-C9 110.9(4), N2-C16-C17 109.6(4), C1-N1-C8 119.4(4), C1-N1-K 90.0(2), C8-N1-K 131.0(3), C1-N2-C16 120.1(4), C1-N2-K 92.4(2), C16-N2-K 133.4(3), N2-K-N2 107.30(9), N1-K-N1 107.41(9).*

3.2 Chirale Amidinat-Komplexe der Lanthanoide

Obwohl Amidinat-Liganden schon vor ca. 25 Jahren in die Komplexchemie der Seltenerdenmetalle eingeführt und seitdem auch viel erforscht wurden, sind fast keine Ergebnisse mit chiralen Amidinaten veröffentlicht worden. Einzig und allein Hill *et al.* versuchten Bisamidinate, die über eine racemische Cyclohexyldiaminbrücke verfügten an Yttrium zu koordinieren, was jedoch misslang.[28] Im Folgenden wird die Synthese und Charakterisierung von Mono-, Bis- und Trisamidinat-Lanthanoid-Komplexen beschrieben.

3.2.1 Monoamidinat-Lanthanoid-Komplexe

Ausgehend vom (*S*)-KPEBA sollten Monoamidinat-Komplexe mit verschieden großen Lanthanoiden über Salzmetathesereaktionen dargestellt werden. Da nur ein Amidinat-Ligand an das Metallzentrum binden soll, muss dieser sterisch anspruchsvoll genug sein um solche Komplexe zu stabilisieren. Es sollte untersucht werden, ob der PEBA-Ligand dazu in der Lage ist.

Die Reaktion von $LnCl_3$ (Ln = Lu, Yb, Sm) mit (*S*)-KPEBA bzw. im Fall von Samarium mit rac-KPEBA in THF ergab Komplexe der Zusammensetzung $[(PEBA)LnCl_2(THF)_n]$ (Ln = Lu (**1**), Yb (**2**) (n = 2); Sm (**3**) (n = 3)) (Abbildung 18). Während bei **1** und **2** die beiden Edukte einfach vorgelegt werden konnten und anschließend das Lösungsmittel aufkondensiert wurde, musste bei der Synthese von **3** der Ligand langsam zugetropft werden, da ansonsten Bis- bzw. Trisamidinat-Komplexe erhalten wurden. Dies beruht auf den unterschiedlich großen Ionenradien. Während Lutetium und Ytterbium relativ kleine Ionenradien besitzen (Lu^{3+}: 1.001 Å; Yb^{3+}: 1.008 Å), ist Samarium ein mittelgroßes Lanthanoid (Sm^{3+}: 1.098 Å).[2] Durch den größeren Ionenradius kommt es zu einer erhöhten Reaktivität, da das Reaktionszentrum am Metall leichter zugänglich ist. Der PEBA-Ligand vermag aber trotzdem Monoamidinat-Samarium-Komplexe zu stabilisieren. Anders verhält es sich bei noch größeren Lanthanoiden. So konnten keine Amidinat-Komplexe mit Lanthan oder Cer erhalten werden.

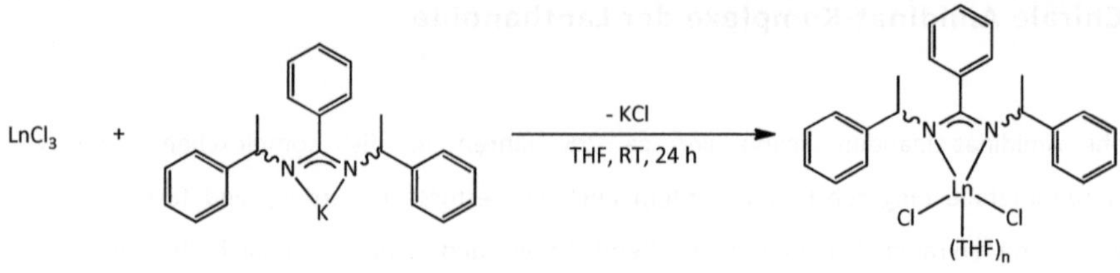

Ln= Lu (**1**), Yb (**2**); n=2
Ln= Sm (**3**); n=3

Abbildung 18: *Darstellung der Monoamidinat-Lanthanoid-Komplexe.*

Die Verbindungen wurden standardanalytisch untersucht, wobei bei **2** und **3** aufgrund des Paramagnetismuses auf NMR-Messungen verzichtet wurde. Die Daten der Elementaranalysen und IR-Spektren liegen im erwarteten Bereich. In den EI-Massenspektren konnte kein Molpeak detektiert werden, da die Substanzen sofort fragmentierten. Es waren nur Werte für den PEBA-Liganden und sein Fragmentierungsmuster vorhanden. Die ^{1}H- und ^{13}C{^{1}H}-NMR-Spektren von **1** weisen gleiche Verschiebungen auf, wie die Spektren des KPEBA. Die Signale sind aber schärfer und Kopplungsmuster eindeutig zu erkennen.

Einkristalle von **1** und **2** konnten aus THF durch Überschichten mit *n*-Pentan erhalten werden. Sie kristallisieren in der monoklinen Raumgruppe *C*2 mit jeweils zwei Molekülen in der Elementarzelle und sind isostrukturell zueinander (Abbildung 19). Das Zentralatom ist von einem PEBA-Liganden, zwei Chloratomen und zwei THF Molekülen sechsfach koordiniert. Die Chloratome sind dabei *cis* angeordnet und liegen annähernd koplanar zur NCN-Ebene. Durch die kristallographischen C_2-Drehachse, die durch den zentralen Phenylring und dem Lanthanoidatom verläuft, ist nur die Hälfte des Moleküls kristallographisch unabhängig. Stärker als beim Neutral-Liganden richtet sich der zentrale Phenylring fast senkrecht zur NCN-Ebene aus (Torsionswinkel 84.3°). Die restlichen aromatischen Ringe sind nahezu parallel zum zentralen Phenylring. Die Bindungswinkel N-C1-N′ sind mit 113.5(6)° (**1**) bzw. 112.7°(5) (**2**) deutlich kleiner als beim HPEBA. Die C1-N-Bindungslängen sind identisch (1.342(6) Å (**1**), 1.343(5) Å (**2**)) und entsprechen den für KPEBA ermittelten Werten. Die Ln-N Bindungsabstände betragen 2.300(4) Å (**1**) bzw. 2.300(4) Å (**2**). Die Bindungsabstände der Ln-Cl-Bindung betragen 2.534(2) Å (**1**) und 2.544(1) Å (**2**).

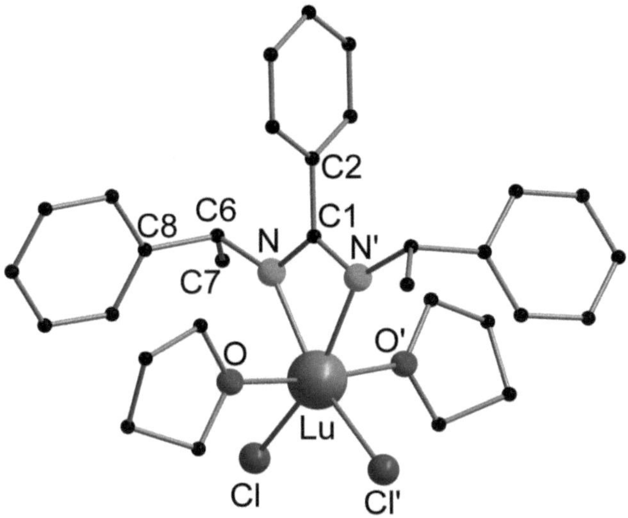

Abbildung 19: *Struktur von **1** im Festkörper ohne Darstellung der Wasserstoffatome. Ausgewählte Abstände [Å] und Winkel [°] für **1** und der isostrukturellen Verbindung **2**: **1**: C1-N 1.342(6), C1-Lu 2.743(7), C6-N 1.474(6), C6-C8 1.516(7), C6-C7 1.524(7), N-Lu 2.300(4), O-Lu 2.274(3), Cl-Lu 2.5340(15); N-C1-N 113.5(6), N-C1-C2 123.3(3), N-C1-Lu 56.7(3), C2-C1-Lu 180.000(1), C8-C6-C7 111.9(4), N-C6-C7 108.8(4), N-C6-C8 109.8(4), C1-N-Lu 94.1(3), O-Lu-N 88.6(2), O-Lu-N 85.7(2), O-Lu-Cl 88.2(2), Cl-Lu-Cl 101.20, N-Lu-N 58.4(2). **2**: C1-N 1.343(5), C1-C2 1.496(7), C1-Yb 2.754(5), C6-N 1.478(5), C6-C8 1.522(6), C6-C7 1.531(6), N-Yb 2.300(4), O-Yb 2.293(3), Cl-Yb 2.5441(14); N-C1-N 112.7(5), N-C1-C2 123.7(2), N-C1-Yb 56.3(2), N-C6-C8 111.0(3), N-C6-C7 108.9(4), C8-C6-C7 112.0(4), C1-N-C6 120.6(3), C1-N-Yb 94.6(3), C6-N-Yb 144.6(3), O-Yb-O 172.4(3), O-Yb-N 88.2(2), N-Yb-N 58.2(2), Cl-Yb-Cl 100.83(8).*

Da zur Synthese von **3** das racemische KPEBA verwendet wurde, ist der Komplex ebenfalls racemisch. Er kristallisiert in der monoklinen Raumgruppe $P2_1/c$ mit vier Molekülen in der Elementarzelle (Abbildung 20). Aufgrund des größeren Ionenradius von Samarium koordiniert, im Gegensatz zu **1** und **2**, ein zusätzliches THF Molekül an das Metallzentrum. Samarium ist verzerrt pentagonal-bipyramidal von den Liganden umgeben. Die Chloratome bilden dabei die Apizes während die drei THF-Moleküle und die Stickstoffatome des Amidinat-Ligandens die basale Grundfläche bilden. Der zentrale Phenylring steht wiederum nahezu senkrecht zur NCN-Ebene. Der Torsionswinkel ist mit 74.1° aber etwas kleiner als bei **1**. Die anderen beiden Phenylringe richten sich diesmal aber nicht parallel zum zentralen Phenylring aus. Grund dafür ist das zusätzliche THF-Molekül in der Koordinationssphäre. Dadurch ist aus sterischen Gründen kein Platz für diese Konformation. Sowohl der Bindungswinkel N1-C1-N2 (114.4(2)°) als auch die C1-N Bindungslängen (C1-N1 1.334(4) Å,

C1-N2 1.337(3) Å) sind nahezu identisch zu **1**. Aufgrund des größeren Ionenradius von Samarium sind sowohl die N-Sm-Bindungsabstände (N1-Sm 2.437(2) Å, N2-Sm 2.440(2) Å) als auch die Cl-Sm-Bindungsabstände (Cl1-Sm 2.6705(8) Å, Cl2-Sm 2.6685(8) Å) etwas größer als in **1**.

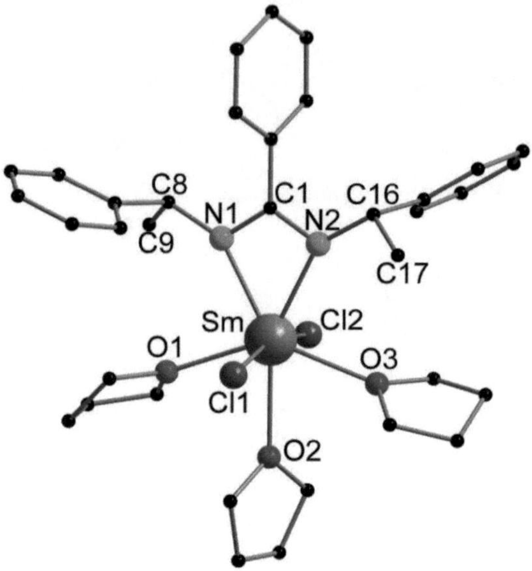

Abbildung 20: *Struktur von **3** im Festkörper ohne Darstellung der Wasserstoffatome. Ausgewählte Abstände [Å] und Winkel [°]: C1-N1 1.334(4), C1-N2 1.337(3), C1-C2 1.510(4), C1-Sm 2.887(3), C8-N1 1.466(3), C8-C9 1.517(4), C8-C10 1.527(4), C16-N2 1.468(3), C16-C17 1.516(4), C16-C18 1.528(4), N1-Sm 2.437(2), N2-Sm 2.440(2), O1-Sm 2.486(2), O2-Sm 2.580(2), O3-Sm 2.512(2), Cl1-Sm 2.6705(8), Cl2-Sm 2.6685(8); N1-C1-N2 114.4(2), N1-C1-C2 123.1(2), N2-C1-C2 122.5(2), N1-C1-Sm 57.17(14), N2-C1-Sm 57.30(14), N1-C8-C9 109.9(2), N1-C8-C10 112.4(2), C9-C8-C10 112.6(3), N2-C16-C17 109.5(2), N2-C16-C18 112.3(2), C17-C16-C18 112.5(2), C1-N1-C8 118.6(2), C1-N1-Sm 95.4(2), C8-N1-Sm 145.7(2), C1-N2-C16 118.5(2), C1-N2-Sm 95.2(2), C16-N2-Sm 146.3(2), N1-Sm-N2 54.84(8), N1-Sm-O1 81.62(8), N2-Sm-O1 136.17(7), N1-Sm-O3 137.72(7), N2-Sm-O3 83.39(7), O1-Sm-O3 140.43(7), N1-Sm-O2 151.39(7), N2-Sm-O2 153.76(7), O1-Sm-O2 69.86(7), O3-Sm-O2 70.62(7), N1-Sm-Cl2 93.33(5), N2-Sm-Cl2 98.39(5), O1-Sm-Cl2 87.93(4), O3-Sm-Cl2 85.91(4), O2-Sm-Cl2 83.65(4), N1-Sm-Cl1 99.60(5), N2-Sm-Cl1 94.42(5), O1-Sm-Cl1 87.50(4), O3-Sm-Cl1 88.87(4), O2-Sm-Cl1 81.87(4), Cl2-Sm-Cl1 165.51(2).*

3.2.2 Trisamidinat-Lanthanoid-Komplexe

Homoleptische Lanthanoid-Komplexe sind die am längsten bekannten Organometall-Verbindungen der Seltenerdmetalle. So wurden die Cyclopentadienyl-Verbindungen Cp_3Ln schon 1954 von Wilkinson *et al.* veröffentlicht.[57] Hauptgrund dafür ist, dass sterisch anspruchsvolle Liganden, wie z.B. Cp, das Zentralmetall optimal vor äußeren Einflüssen schützen können. Dadurch sind die Komplexe zumeist weniger empfindlich gegenüber Luft und Feuchtigkeit. Außerdem ist die Neigung zur Kristallisation aufgrund höherer Symmetrie zumeist größer. Dementsprechend sollte untersucht werden, inwieweit PEBA homoleptische Komplexe ausbilden kann.

Die Metallierungsreaktion von (*S*)-HPEBA mit Tris(*N,N*-Bis(dimethylsilyl)amido)samarium(III) $[Sm(BDSA)_3(THF)_2]$ in THF ergab das gewünschte [{(*S*)-(PEBA)}$_3$Sm] (**4**) (Abbildung 21).

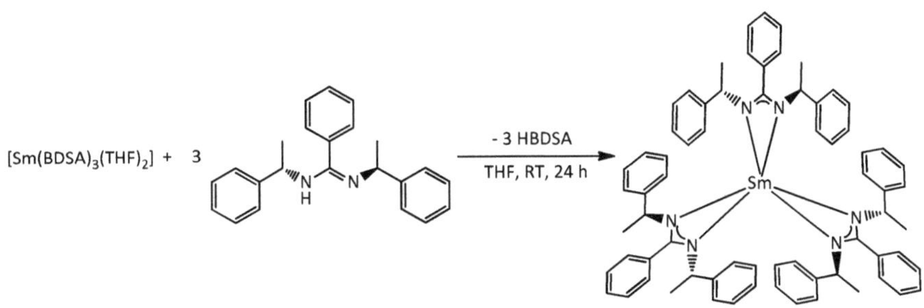

4

ABBILDUNG 21: *Darstellung von [{(S)-(PEBA)}$_3$Sm] (**4**).*

Kristalle von **4** konnten aus einer heißgesättigten THF-Lösung erhalten werden. **4** kristallisiert in der kubischen Raumgruppe *P*2$_1$3 mit vier Molekülen des Komplexes und vier Molekülen THF in der Elementarzelle (Abbildung 22 rechts). Eine kristallographische C_3-Drehachse verläuft durch das Samariumatom, welches verzerrt oktaedrisch von drei chelatisierenden Amidinatliganden umgeben wird. Die zwischen Samarium und Ligand entstehenden Vierringe, sind leicht gegenander gedreht, so dass eine propellerartige Struktur entsteht. Oberhalb und unterhalb der Koordinationsebene der Liganden sind noch freie Koordinationsstellen am Samariumatom vorhanden. Im Falle des Tris-{*N,N'*-bis(trimetylsilyl)benzamidinato}-samarium(III) konnten Edelmann *et al.* zeigen, dass solche Koordinationsstellen durch Benzonitril besetzt werden können.[58] Das sollte bei **4** nicht möglich sein, da die Methylgruppen des PEBA-Liganden diese Koordinationsstellen gut abschirmen, wie das raumerfüllende Modell von **4** zeigt (Abbildung 22 links). Im Gegensatz zum Monoamidinat-Samarium-Komplex **3** sind die Phenylgruppen annähernd parallel zueinander angeordnet. Die Sm-N Bindungslängen (Sm-N1 2.436(3) Å, Sm-N2 2.443(3)) und die Bindungsabstände des zentralen Kohlenstoffatoms zu den Stickstoffatomen (N1-C1 1.335(4) Å, N2-C1 1.330(4) Å) sind in allen drei koordinierenden PEBA-Einheiten aufgrund der Symmetrie identisch und entsprechen denen von **3**. Der NCN-Bindungswinkel (115.7(3)°) ist etwas größer. Zur weiteren Charakterisierung wurden IR- und Massenspektren gemessen und eine Elementaranalyse durchgeführt, welche die erfolgreiche Synthese von **4** bestätigen.

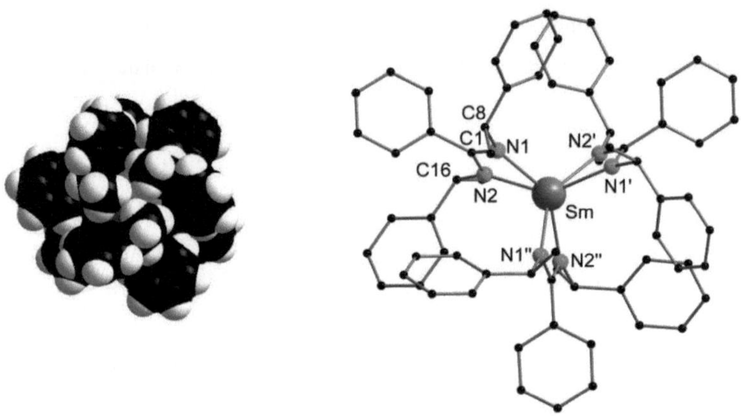

Abbildung 22: *links: Raumerfüllendes Modell von **4**; rechts: Struktur von **4** im Festkörper ohne Darstellung der Wasserstoffatome. Ausgewählte Abstände [Å] und Winkel [°]: Sm-N1 2.436(3), Sm-N2 2.443(3), N1-C1 1.335(4), N1-C8 1.480(4), N2-C1 1.330(4), N2-C16 1.477(4);* N1-C1-N2 115.7(3), *N1-Sm-N1' 101.52(7), N1-Sm-N2 55.10(8), N1-SmN2' 110.70(9), C1-N1-C8 118.7(3), C1-N2-C16 118.5(3).*

Der Versuch homoleptische Komplexe von großen Lanthanoiden (La, Ce) über Salzmetathesereaktionen mit KPEBA darzustellen scheiterte. Der Ligand scheint solche Komplexe nicht zu stabilisieren. Wahrscheinlich kommt es nicht einmal zu einer Reaktion, da beim Versuch einen Lanthan-Komplex zu synthetisieren KPEBA auskristallisierte.

Auch der Versuch mittels Salzmetathese- und Metallierungsreaktionen, Trisamidinat-Komplexe des kleinen Lanthanoids Lutetium zu bilden, schlug fehl. Solche Komplexe sind offensichtlich sterisch zu übersättigt um stabil zu sein.

3.2.3 Bisamidinat-Lanthanoid-Komplexe

Die Bisamidinat-Lanthanoid-Komplexe sind hinsichtlich einer katalytischen Anwendung die interessantesten Verbindungen. Durch zwei Amidinat-Liganden sollte das Zentralmetall ausreichend stabilisiert werden. Des Weiteren wird ein Reaktionszentrum geformt, welches klein genug ist, dass die chirale Information des Liganden Auswirkung auf sich anlagernde prochirale Substrate haben kann. Deswegen wurde der Fokus der Synthese, vor allem auf diese Substanzklasse gelegt.

3.2.3.1 [(PEBA)$_2$LnCl]$_2$-Komplexe

Durch Salzmetathesereaktionen von $LnCl_3$ (Ln = Lu, Yb, Er, Sm) mit zwei Äquivalenten (*S*)-KPEBA, bzw. im Fall von Erbium mit *rac*-KPEBA, in THF konnten die Komplexe der Zusammensetzung $[(PEBA)_2LnCl]_2$ (Ln = Lu (**5**), Yb (**6**), Er (**7**), Sm (**8**)) erhalten werden (Abbildung 23). Für Lutetium und Ytterbium verläuft die Reaktion besonders gut, da der Trisamidinat-Komplex aus sterischen Gründen nicht zugänglich ist. Dadurch besteht bei einem 2 : 1 (KPEBA : $LnCl_3$) Ansatz nicht die Gefahr das man ein Gemisch aus Tris-, Bis- und Monoamidinat-Komplexen erhält. Beim Erbium scheint die Grenze zu liegen, dass ein Trisamidinat-Komplex möglich ist. Die einstufige Synthese von **7** bereitete erhebliche Schwierigkeiten und die Ausbeute mit 10 % kristallinem Feststoff war relativ gering. Bis dato ist es aber noch nicht gelungen homoleptische PEBA-Erbium-Komplexe zu isolieren. Der Samariumkomplex **8** ist am besten über eine zweistufige Synthese über den *in situ* erzeugten Monoamidinat-Samarium-Komplex **3** zugänglich.

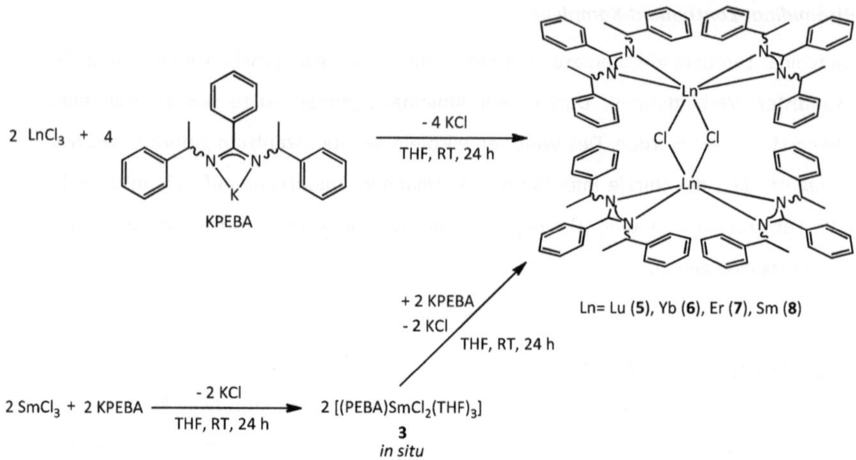

Abbildung 23: *Darstellung von[(PEBA)$_2$LnCl]$_2$.*

Die Komplexe wurden durch standardanalytische Verfahren und durch Einkristallröntgenstrukturanalyse charakterisiert. Alle vier Verbindungen liegen im Festkörper als Chloro-verbrückte Dimere vor. Die Komplexe **5**, **6** und **8** sind isostrukturell und kristallisieren in der kubischen Raumgruppe *I*23 (Abbildung 24) mit sechs Molekülen Komplex in der Elementarzelle. Die asymmetrische Einheit beinhaltet nur ein Viertel des Dimers. Die restlichen Atome werden von zwei senkrecht zueinander stehenden kristallographischen C_2-Drehachsen erzeugt. Die Lanthanoidatome sind sechsfach durch die vier Stickstoffatome der Amidinat-Liganden und den zwei verbrückenden Chloratomen koordiniert. Die Amidinat-Liganden, die an das gleiche Lanthanoidatom gebunden sind, stehen ca. 82° verdreht zueinander um die sterische Abstoßung zwischen den Phenylethyl-Gruppen zu minimieren. Die Phenylgruppen einer Monomereinheit ordnen sich annähernd parallel zueinander an. Der zentrale Phenylring steht wiederum fast senkrecht zur NCN-Ebene. Die PEBA-Liganden der beiden Metall-Atome sind gestaffelt zu den Chloratomen angeordnet und ekliptisch zueinander. Sie binden unsymmetrisch an das Lanthanoidatom. Die Ln-N Bindungslängen weichen dabei um 0.06 - 0.10 Å voneinander ab (Lu-N1 2.343(4) Å, Lu-N2 2.257(4) Å; Yb-N1 2.339(4) Å, Yb-N2 2.276(4) Å; Sm-N1 2.442(3) Å, Sm-N2 2.342(3) Å). Das unsymmetrische Koordinationsverhalten des PEBA-Liganden hat wahrscheinlich sterische Gründe. Da der Abstand N1-Cl (3.432 Å (**5**), 3.443 Å (**6**), 3.597 Å (**8**)) deutlich kleiner ist als N2-Cl' (3.849 Å (**5**), 3.864 Å (**6**), 3.996 Å (**8**)), kommt es zu Abstoßung zwischen N1 und

Cl. Die Bindungslängen N1-C1 und N2-C1 sind dagegen nahezu identisch. Der Bindungswinkel N1-C1-N2 (114.4(4)° (**5**), 114.8(4)° (**6**), 114.6(3)° (**8**)) entspricht dem, der zuvor diskutierten Amidinat-Lanthanoid-Komplexe (**1-4**). Der Cl-Ln-Cl-Winkel ist mit 76.2° in allen drei Verbindungen relativ klein.

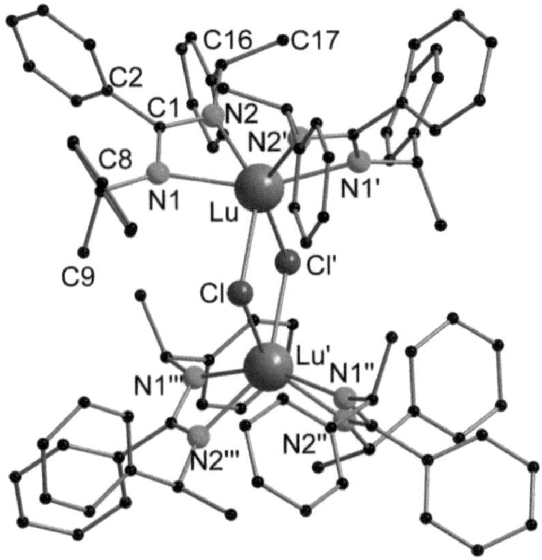

Abbildung 24: *Struktur von* **5** *im Festkörper ohne Darstellung der Wasserstoffatome. Ausgewählte Abstände [Å] und Winkel [°] für* **5** *und den isostrukturellen Verbindungen* **6** *und* **8**: **5:** *C1-N1 1.314(8), C1-N2 1.357(8), C1-C2 1.501(6), C1-Lu 2.731(4), C16-N2 1.487(6), C8-C9 1.548(8), C16-C17 1.526(9), C8-N1 1.480(5), N1-Lu 2.343(4), N2-Lu 2.257(4), Cl-Lu 2.6652(8); N1-C1-N2 114.4(4), N1-C1-C2 126.0(5), N2-C1-C2 119.6(6), N2-Lu-N1 58.39(13), Lu-Cl-Lu 103.79(4), Cl-Lu-Cl 76.21(4);* **6:** *C1-N1 1.315(8), C1-N2 1.338(8), C1-C2 1.496(6), C1-Yb 2.733(5), C8-N1 1.482(6), C8-C9 1.543(9), C16-N2 1.480(7), C16-C17 1.531(10), N1-Yb 2.339(4), N2-Yb 2.276(4), Cl-Yb 2.6725(9), Yb-Yb 4.2045(7); N1-C1-N2 114.8(4), N1-C1-C2 125.7(6), N2-C1-C2 119.5(6), N1-C1-Yb 58.8(2), N2-C1-Yb 56.1(3), C2-C1-Yb 175.4(5), N1-C8-C9 109.8(5), N2-C16-C17 108.9(5), C1-N1-C8 119.1(4), C1-N1-Yb 92.5(3), C8-N1-Yb 148.4(3), C1-N2-C16 120.5(5), C1-N2-Yb 94.7(3), C16-N2-Yb 144.7(4), Yb-Cl-Yb 103.74(5), N2-Yb-N1 57.93(15), Cl-Yb-Cl 76.26(5);* **8:** *C1-N1 1.327(6), C1-N2 1.345(5), C1-C2 1.500(4), C1-Sm 2.832(3), C16-N2 1.477(5), C16-C17 1.526(6), C8-N1 1.476(4), C8-C9 1.527(6), N2-Sm 2.342(3), N1-Sm 2.442(3), Cl-Sm 2.7682(7); N1-C1-N2 114.6(3), N1-C1-C2 124.5(4), N2-C1-C2 120.8(4), N2-Sm-N1 56.03(10), Sm-Cl-Sm 103.74(3), Cl-Sm-Cl 76.26(3).*

Aufgrund dessen, dass **7** mit dem racemischen KPEBA synthetisiert wurde, kristallisiert es in der triklinen Raumgruppe $P\bar{1}$ mit zwei Molekülen des Komplexes und einem Molekül *n*-Pentan in der Elementarzelle (Abbildung 25). Anders als bei den racemischen Kristallen von KPEBA und **3**, besteht der Kristall nicht aus einem Gemisch beider Enantiomere. Vielmehr kristallisiert **7** in der achiralen *meso*-Konfiguration. Dadurch sind nun beide Phenylringe der

Phenylethyl-Gruppen auf der gleichen Seite der NCN-Ebene. Sie sind aber weiterhin parallel zum zentralen Phenylring, der seinerseits senkrecht zur NCN-Ebene steht. Damit die beiden PEBA-Liganden sich trotzdem ausweichen können, müssen sich einige Parameter gegenüber **5**, **6** und **8** ändern. So sind die beiden Liganden eines Lanthanoidatoms nicht ganz so stark zueinander verdreht (71.7°) und die Chloratome stehen nun *gauche* zu den PEBA-Liganden. Diese stehen nun fast gestaffelt zueinander. Dadurch koordiniert der PEBA-Ligand nun auch wieder nahezu symmetrisch an das Erbiumatom (Er1-N1 2.322(5) Å, Er1-N2 2.314(6) Å; Er1-N3 2.345(5) Å, Er1-N4 2.314(5) Å). Durch die ekliptische Positionierung der Chloratome gegenüber PEBA wird ein größerer Cl-Er-Cl Bindungswinkel (80.43(5)° - 80.54(5)°) erhalten. Dadurch ist der Er-Cl-Er-Cl-Vierring nicht so gespannt wie in **5**, **6** und **8**. Die Bindungswinkel N-C-N (113.8(5)° - 114.9(6)°) liegen dagegen im selben Bereich wie die von **5**, **6** und **8**.

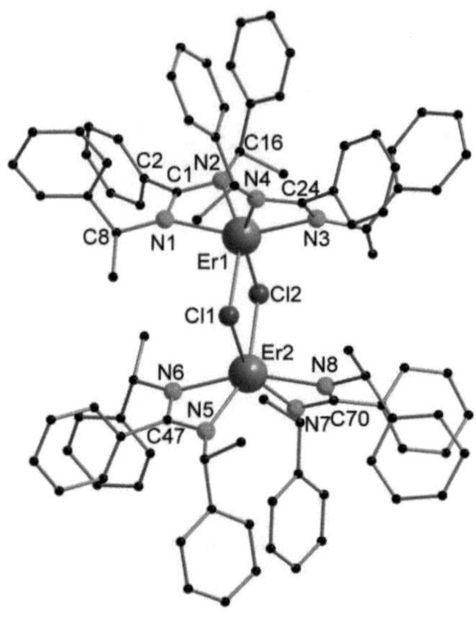

Abbildung 25: *Struktur von **7** im Festkörper ohne Darstellung der Wasserstoffatome. Ausgewählte Abstände [Å] und Winkel [°]: Er1-N2 2.314(6), Er1-N4 2.314(5), Er1-N1 2.322(5), Er1-N3 2.345(5), Er1-Cl1 2.686(2), Er1-Cl2 2.692(2), Er1-C1 2.727(6), Er1-C24 2.763(6), Er2-N7 2.305(5), Er2-N6 2.317(6), Er2-N8 2.318(6), Er-N5 2.319(5), Er2-Cl2 2.690(2), Er2-Cl1 2.693(2), Er2-C47 2.727(6), Er2-C70 2.736(6), N1-C1 1.342(8), N2-C1 1.339(8), N3-C24 1.351(8), N4-C24 1.335(8), N5-C47 1.333(8), N6-C47 1.332(8), N7-C70 1.334(8), N8-C70 1.338(8); N2-Er1-N1 58.3(2) N4-Er1-N3 57.8(2), N6-Er2-N5 58.0(2), N7-Er2-N8 58.0(2), Cl1-Er1-Cl2 80.54(5), Cl2-Er2-Cl1 80.43(5), Er1-Cl1-Er2 99.55(6), Er2-Cl2-Er1 99.45(6), N2-C1-N1 114.7(5), N4-C24-N3 113.8(5), N6-C47-N5 114.9(6), N7-C70-N8 113.9(5).*

Elementaranalyse, IR-Spektroskopie und Massenspektometrie bestätigen bei allen vier Verbindungen die erfolgreiche Synthese. Für den Lutetium-Komplex **5** wurden zusätzlich noch ^{1}H- und ^{13}C{^{1}H}-NMR-Spektren gemessen. Das ^{1}H-NMR-Spektrum zeigt das erwartete Quartett bei 4.15 ppm (^{3}J = 6.7 Hz) für die Methin-Protonen und ein korrespondierendes Duplett bei 1.44 ppm (^{3}J = 6.7 Hz) für die Methyl-Protonen. Im ^{13}C{^{1}H}-NMR-Spektrum können ebenfalls zwei Signale für die beiden Gruppen erhalten werden (*C*H: 58.3 ppm; *C*H_3: 21.7 ppm).

3.2.3.2 [{(S)-PETA}$_2$LnCl]-Komplexe

Aufgrund des höheren sterischen Anspruchs der *tert*-Butyl-Gruppe gegenüber der Phenylgruppe sollte der (*S*)-PETA-Ligand das Zentralatom noch besser abschirmen können. Dadurch könnte sich der Enantiomerenüberschuss bei einer späteren Anwendung in der asymmetrischen Katalyse steigern lassen. Aufgrund dessen wurden über Salzmetathesereaktionen mit (*S*)-LiPETA die Komplexe [{(*S*)-PETA}$_2$LuCl]$_2$ (**9**) (Abbildung 26) und [{(*S*)-PETA}$_2$Sm(μ-Cl)$_2$Li(THF)$_2$] (**10**) (Abbildung 27) synthetisiert und anschließend vollständig charakterisiert. Während **9** ähnlich den Bisamidinat-Lanthanoid-Komplexen des PEBA im Festkörper seine Koordinationssphäre durch Dimerisierung sättigt, wird dieses im Fall von **10** durch Einlagerung von LiCl erreicht. Die unterschiedlichen Produkte sind auf eine leicht veränderte Synthesemethode zurückzuführen. Bei beiden Komplexen wurde die Salzmetathesereaktion in THF durchgeführt und anschließend das Produkt mit Toluol extrahiert. Während **9** dabei noch eine Stunde in heißem Toluol gerührt wurde, welches „at"-Komplex-Bildung verhindern kann, ist **10** bei Raumtemperatur extrahiert worden.

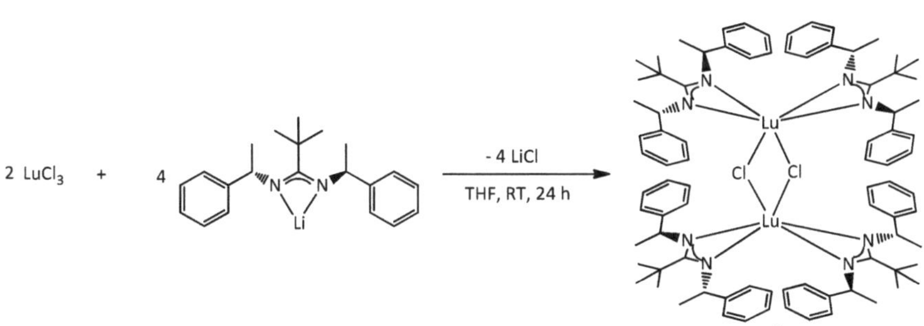

9

Abbildung 26: *Darstellung von [{(S)-PETA}$_2$LuCl]$_2$ (**9**).*

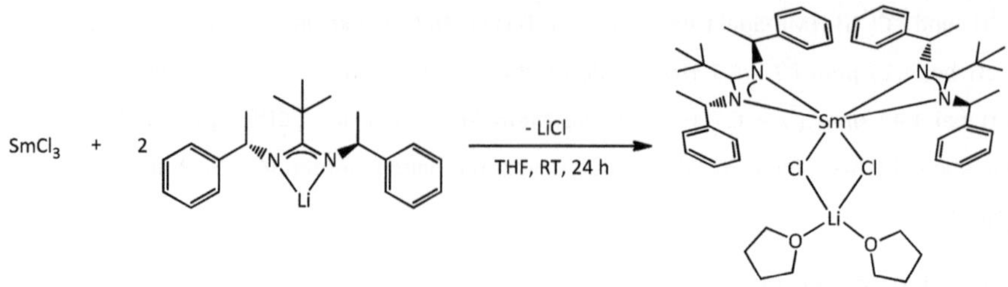

10

Abbildung 27: *Darstellung von [{(S)-PETA}$_2$Sm(μ-Cl)$_2$Li(THF)$_2$] (**10**).*

9 kristallisiert in der triklinen Raumgruppe *P*1 mit einem Molekül des Komplexes und zwei Toluol-Molekülen in der Elementarzelle (Abbildung 28). Das Lutetiumatom ist wie im PEBA-Lutetium-Komplex **5** sechsfach koordiniert. Die PETA-Liganden stehen ebenfalls verdreht zueinander (78.5°). Unterschiede gibt es in der Anordnung der Phenylgruppen. Diese stehen nun nahezu senkrecht zur C1-C2-Bindung. Dies liegt an der sterisch anspruchsvollen *tert*-Butylgruppe, die eine parallele Ausrichtung der Phenylgruppen verhindert. Außerdem stehen die Chloratome nun fast ekliptisch zu einem der Stickstoffatome der PETA-Liganden. Die Bindungswinkel N-C-N (109.4(4)° - 111.1(4)°) sind um ca. 4° kleiner als in **5**. Damit erreichen die Bindungswinkel schon fast den idealen Wert eines sp^3-hybridisierten Kohlenstoffatoms, so dass die Spannung in der N-C-N-Einheit gegenüber **5** noch größer ist. Die Bisswinkel N-Lu-N (57.0(2)° - 57.8(2)°) und Cl-Lu-Cl (74.6(1)° - 74.8(1)°) sind um ca. 1° kleiner. Dies ist mit dem erhöhten sterischen Anspruch des Liganden zu erklären. Die Lu-N-Bindungsabstände sind im Bereich von 2.283(4) - 2.320(5) Å. Im Gegensatz zu **5** koordinieren die einzelnen PETA-Liganden symmetrisch an das Lutetiumatom.

Interessant sind auch die NMR-Spektren von **9**. So sind bei Raumtemperatur im ^{1}H-NMR-Spektrum außer für das scharfe Singulett-Signal der *tert*-Butyl-Protonen, nur sehr breite Signale vorhanden. Wird das NMR-Spektrum bei 60 °C gemessen, werden scharfe Signale mit dem gewünschten Aufspaltungsmuster erhalten (5.26 ppm, ^3J = 6.8 Hz, C*H*; 1.69 ppm, ^3J = 6.8 Hz, C*H*$_3$; 1.18 ppm, *t*Bu). Wahrscheinlich gibt es bei Raumtemperatur kleine Rotationsbarrieren, so dass die Gruppen nicht mehr frei rotieren können, was dann zur Verbreiterung der Signale führt. Die chemischen Verschiebungen entsprechen denen in (*S*)-LiPETA gefundenen.

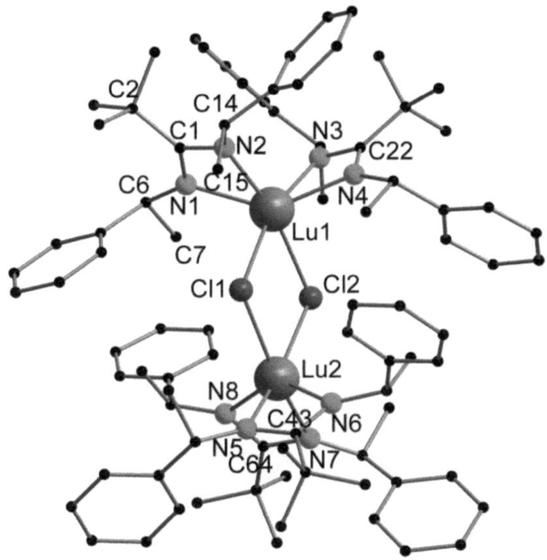

Abbildung 28: *Struktur von **9** im Festkörper ohne Darstellung der Wasserstoffatome. Ausgewählte Abstände [Å] und Winkel [°]: N1-Lu1 2.298(4), N2-Lu1 2.299(5), N3-Lu1 2.320(5), N4-Lu1 2.288(4), N5-Lu2 2.308(5), N6-Lu2 2.283(4), N7-Lu2 2.301(5), N8-Lu2 2.305(4), Cl1-Lu1 2.698(2), Cl1-Lu2 2.713(2), Cl2-Lu2 2.691(2), Cl2-Lu1 2.718(2), C1-N1 1.353(6), C1-N2 1.370(7), C22-N4 1.344(6), C22-N3 1.348(7), C43-N6 1.344(6), C43-N5 1.361(7), C64-N8 1.342(6), C64-N7 1.345(6); N1-C1-N2 109.4(4), N4-C22-N3 111.1(4), N6-C43-N5 110.1(4), N8-C64-N7 109.9(4), N1-Lu1-N2 57.8(2), N4-Lu1-N3 57.57(15), N6-Lu2-N5 57.76(15), N7-Lu2-N8 57.03(15), Cl2-Lu2-Cl1 74.77(6), Cl1-Lu1-Cl2 74.57(6), Lu1-Cl1-Lu2 105.27(6), Lu2-Cl2-Lu1 105.32(6).*

Während der analoge PEBA-Komplex **8** über eine zweistufige Synthese dargestellt wurde, ist die einstufige Synthese von **10** problemlos möglich. Der homoleptische PETA-Samarium-Komplex scheint aufgrund des höheren sterischen Anspruchs des Liganden nicht zugänglich zu sein.

10 kristallisiert in der orthorhombischen Raumgruppe $P2_12_12_1$ mit vier Molekülen des Komplexes in der Elementarzelle (Abbildung 29). Wie schon bei den Bisamidinat-Komplexen davor, ist Samarium sechsfach koordiniert und die PETA-Liganden sind gegeneinander verdreht (79.4°). Die Chloratome stehen, wie bei **7** *gauche* zu den PETA-Liganden. Das Samariumatom ist über zwei Chloro-Brücken mit dem Lithiumatom verbunden, welches seine Koordinationssphäre durch zwei THF-Moleküle sättigt. Die Bindungswinkel N-C-N (109.6(2)° - 110.9(2)°) sind mit denen in **9** vergleichbar. Die Sm-N Bindungsabstände (2.409(2) Å - 2.435(2) Å) und die N-Sm-N Bindungswinkel (54.36(7)° - 54.60(8)°) entsprechen denen der anderen Amidinat-Samarium-Komplexe. Interessant ist der Cl1-Sm-Cl2 Bindungswinkel, der mit 80.53(3)° viel größer ist als bei den anderen chiralen Bisamidinat-Lanthanoid-Komplexen. Dies ist möglich, da der Li(THF)$_2$-Rest sterisch nicht sonderlich anspruchsvoll ist und die Chloratome die für sie günstige *gauche*-Konformation annehmen können.

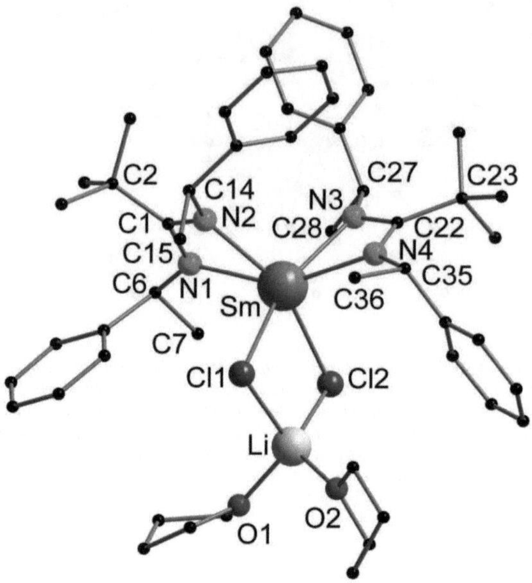

Abbildung 29: *Struktur von **10** im Festkörper ohne Darstellung der Wasserstoffatome. Ausgewählte Abstände [Å] und Winkel [°]: C1-N2 1.342(4), C1-N1 1.357(4), C1-C2 1.560(4), C1-Sm 2.917(3), C14-N2 1.470(3), C22-N4 1.345(3), C22-N3 1.363(3), C22-Sm 2.922(2), C27-N3 1.477(3), C35-N4 1.471(3), Li-O2 1.927(7), Li-O1 1.932(7), Li-Cl1 2.348(6), Li-Cl2 2.359(6), Li-Sm 3.640(6), N1-Sm 2.412(2), N2-Sm 2.435(2), N3-Sm 2.409(2), N4-Sm 2.432(2), Cl1-Sm 2.7434(8), Cl2-Sm 2.7620(8); N2-C1-N1 110.9(2), N2-C1-C2 122.4(2), N1-C1-C2 126.5(3), N4-C22-N3 109.6(2), N4-C22-C23 127.7(2), N3-C22-C23 122.7(2), O2-Li-O1 105.1(3), O2-Li-Cl1 102.5(3), O1-Li-Cl1 113.9(3), O2-Li-Cl2 126.6(4), O1-Li-Cl2 110.4(3), Cl1-Li-Cl2 98.2(2), Li-Cl1-Sm 90.92(15), Li-Cl2-Sm 90.24(15), N1-Sm-N2 54.60(8), N3-Sm-N4 54.36(7), Cl1-Sm-Cl2 80.53(3).*

Elementaranalyse und IR-Spektroskopie bestätigen zusätzlich die erfolgreiche Synthese von **10**.

3.2.3.3 Derivatisierung der Bisamidinat-Lanthanoid-Komplexe

Für ein katalytisch wirksames System wäre es vorteilhaft die Chloratome durch eine bessere Abgangsgruppe zu substituieren. Deswegen wurde versucht, entsprechende Alkyl- und Amido-Derivate der Bisamidinat-Lutetium-Komplexe zu synthetisieren.

Dazu wurden **5** und **9** über Salzmetathesereaktionen mit Lithium-Trimethylsilylmethanid (LiTMS) und Kalium-*N,N'*-Bis(dimethylsilyl)amid (KBDSA) umgesetzt. Die Produkte konnten nur als Öle erhalten werden. NMR-Messungen zeigten, dass die gewünschten Produkte erhalten wurden aber noch relativ viele Verunreinigungen vorhanden waren. Versuche die Produkte zu kristallisieren und entsprechend zu reinigen, schlugen fehl. Dies ist vor allem auf die gute Löslichkeit in *n*-Pentan zurückzuführen. Gleiches gilt für die Abspaltungssreaktionen von $Lu(R)_3(THF)_2$ (R = TMS, BDSA) mit (*S*)-HPEBA. Auch dort konnten keine analytisch reine Produkte isoliert werden (Abbildung 30).

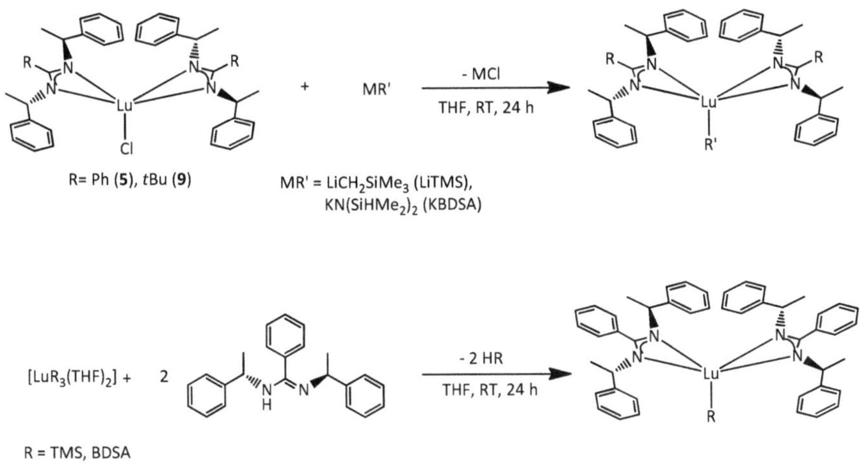

Abbildung 30: *Versuche der Derivatisierung von Bisamidinat-Lanthanoid-Komplexen.*

Im Gegensatz ist die Derivatisierung von **5** mit *N,N'*-Bis(trimethylsilyl)amid (BTSA) vielversprechender. So konnte über eine Metallierungsreaktion von (*S*)-PEBA mit $[Lu(BTSA)_3]$ ein Komplex der Zusammensetzung [{(*S*)-PEBA}$_2$Lu(BTSA)] (**11**) erhalten werden (Abbildung 31).

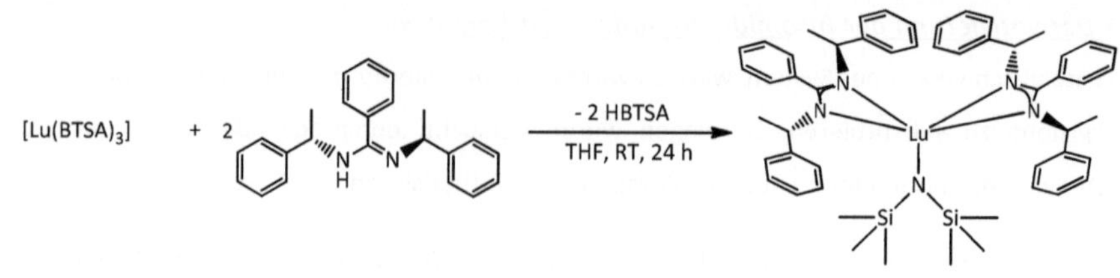

11

Abbildung 31: *Darstellung von [{(S)-PEBA}$_2$Lu(BTSA)$_2$] (**11**).*

Die Charakterisierung erfolgte standardanalytisch. Die ^{1}H-, ^{13}C{^{1}H}- und ^{29}Si{^{1}H}-NMR-Spektren zeigen die erwarteten Signale. Im Massenspektrum kann der Molpeak bei *m/z* = 991 (1 %) detektiert werden. Das IR-Spektrum entspricht ebenfalls den Erwartungen.

Kristalle von **11** für die Einkristallröntgenstrukturanalyse können aus einer heißgesättigten *n*-Heptan-Lösung erhalten werden. **11** kristallisiert in der orthorhombischen Raumgruppe $P2_12_12_1$ mit vier Molekülen des Komplexes in der Elementarzelle (Abbildung 32). Das Lutetiumatom ist fünffach von den Stickstoffatomen der Liganden koordiniert. Die PEBA-Liganden sind ähnlich angeordnet, wie beim Chloro-Komplex **5**. Sie stehen verdreht zueinander und die Phenylringe richten sich parallel zueinander aus. Die BTSA-Gruppe steht *gauche* zu den PEBA-Liganden und koordiniert unsymmetrisch an das Lutetiumatom. So ist der Si1-Lu Abstand kleiner als der Si2-Lu Abstand. Da der Datensatz der Einkristallröntgenstrukturanalyse sehr schlecht war (R_{int} = 0.28), wird auf eine Diskussion der Bindungslängen und -winkel verzichtet.

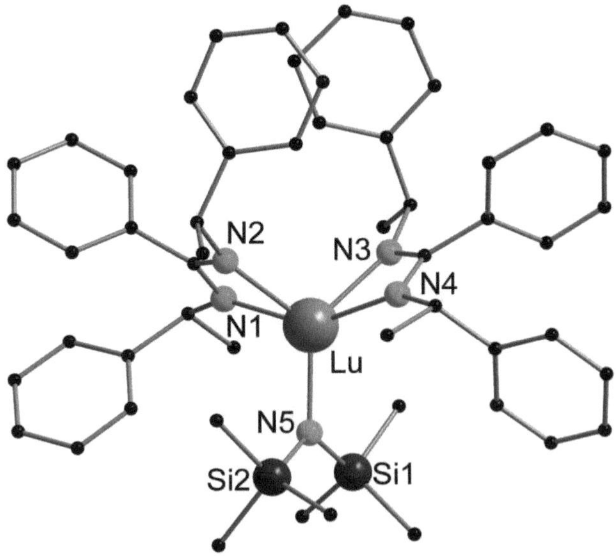

Abbildung 32: *Struktur von **11** im Festkörper ohne Darstellung der Wasserstoffatome.*

Die Darstellung des entsprechenden [{(*S*)-PETA}$_2$Lu(BTSA)]-Komplexes steht noch aus. Jedoch kann hierfür nicht die Amin-Abspaltungsreaktion (*S*)-PETA mit [Lu(BTSA)$_3$] angewendet werden, da dies mit dem öligen Liganden schwierig zu bewerkstelligen ist. Aussichtsreicher ist eine Salzmethathesereaktion von **9** mit KBTSA. Erste Versuche sind vielversprechend.

3.3 Amidinat-Zink-Komplexe

Aufgrund der guten Erfahrung der Arbeitsgruppe mit Aminotroponiminato-Zink-Komplexen als Katalysatoren in der Hydroaminierung, sollte untersucht werden, ob die chiralen Amidinat-Liganden Zinkkomplexe ausbilden können.[18a, 59]

Die Metallierungs-Reaktionen von (*S*)-HPEBA und (*S*)-HPETA mit Dimethylzink, Diethylzink, Diphenylzink und Di-(*N*,*N'*-bis(trimethylsilyl)amido)zink führten nicht zum gewünschten Ergebnis (Abbildung 33). Es konnten weder homoleptische noch monomere heteroleptische Amdinat-Zink-Komplexe erhalten werden. Die Liganden vermögen es nicht solche Komplexe zu stabilisieren.

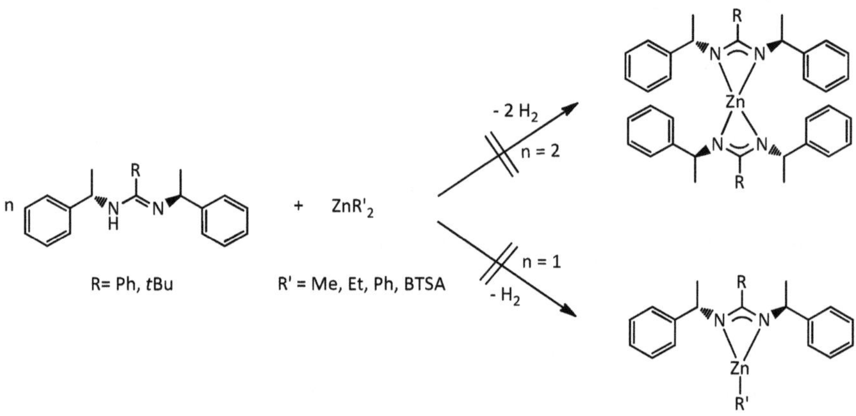

Abbildung 33: *Versuchte Synthesen von homo- und heteroleptischen Amidinat-Zink-Komplexen über Metallierungsreaktionen.*

Bei der Umsetzung mit (*S*)-HPEBA erhielt man zunächst meist ölige Produkte, die aber durch waschen mit *n*-Pentan zumeist fest wurden, so dass man versuchen konnte diese auszukristallisieren. Dabei kristallisierten fast immer mehr oder minder große Mengen eines binuklearen Amidinat-Zink-Komplexes der Zusammensetzung [{(*S*)-PEBA}$_2${μ-(*S*)-PEBA}Zn$_2$(μ-OH)] (**12**) aus (Abbildung 34).

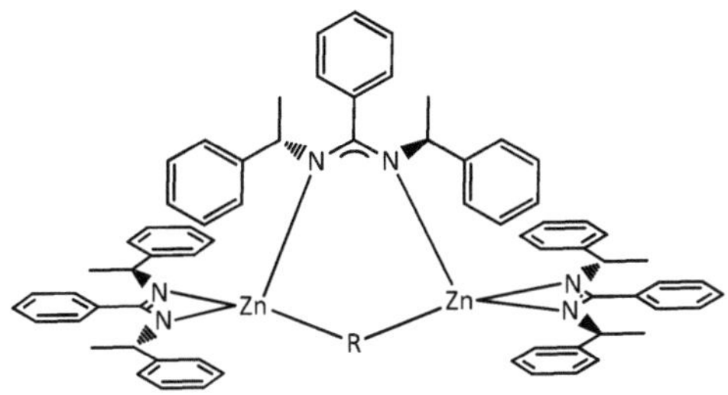

R = OH (**12**), Cl (**13**)

Abbildung 34: *Schematische Darstellung der Komplexe **12** und **13**.*

12 kristallisiert in der orthorhombischen Raumgruppe $P2_12_12_1$ mit vier Molekülen des Komplexes und vier THF-Molekülen in der Elementarzelle (Abbildung 35). Dabei sind zwei (PEBA)Zn-Einheiten über einen OH- und einen PEBA-Liganden miteinander verbrückt. Die Zinkatome sind verzerrt tetraedrisch koordiniert. Die chelatisierenden PEBA-Liganden sind um 80.7° verdreht zueinander angeordnet, um den Phenylgruppen des verbrückenden PEBA optimal ausweichen zu können. Die Phenylringe der einzelnen Liganden sind wiederum annähernd parallel zueinander. Der zwischen Zink und den verbrückenden Liganden gebildete Sechsring ist nicht planar, da der verbrückende PEBA-Ligand um 23.5° verdreht zur Zn1-O1-Zn2-C24-Ebene positioniert ist. Die NCN Bisswinkel der chelatisierenden PEBA-Liganden (N1-C1-N2 113.3(3)°, N5-C47-N6 113.1(3)°) liegen im gleichen Bereich, wie sie schon bei den Lanthanoid-Komplexen aufgetreten sind. Bei dem verbrückenden PEBA-Liganden beträgt der Winkel dagegen 123.4(3)°, was sogar größer ist als beim Neutral-Liganden. Die chelatisierenden PEBA-Liganden sind unsymmetrisch an die Zinkatome koordiniert. So ist der eine Zn-N-Abstand kürzer als der andere (z.B. Zn1-N2 2.033(3) Å, Zn1-N1 2.084(3) Å). Der verbrückende PEBA-Ligand koordiniert symmetrisch und weist etwas kürzere Bindungsabstände zum Zink auf (Zn1-N3 1.987(3) Å, Zn2-N4 1.981(3) Å). Die Zn-O Bindungsabstände sind ebenfalls gleich groß (Zn1-O1 1.924(3) Å, Zn2-O1 1.916(3) Å). Der Zn1-O1-Zn2 Bindungswinkel beträgt 115.2(1)° und der Zn1-Zn2 Abstand 3.242(6) Å.

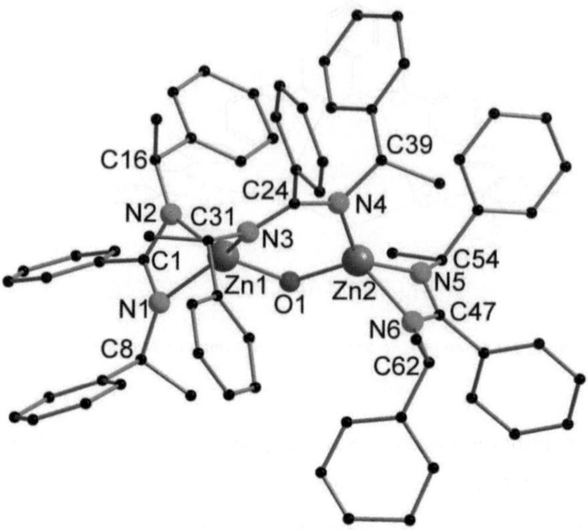

Abbildung 35: *Struktur von **12** im Festkörper ohne Darstellung der kohlenstoffgebundenen Wasserstoffatome. Ausgewählte Abstände [Å] und Winkel [°]: Zn1-O1 1.924(3), Zn1-N1 2.084(3), Zn1-N2 2.033(3), Zn1-C1 2.458(4), Zn1-N3 1.987(3), Zn2-N4 1.981(3), Zn2-O1 1.916(3), Zn2-N6 2.041(3), Zn2-N5 2.087(3), Zn2-C47 2.471(4), N1-C1 1.317(5), N1-C8 1.484(5), N2-C1 1.334(5), N2-C16 1.458(5), N3-C24 1.339(4), N3-C31 1.484(4), N4-C24 1.335(4), N4-C39 1.479(4), N5-C47 1.324(5), N5-C54 1.469(5), N6-C47 1.336(5), N6-C62 1.465(5); O1-Zn1-N3 105.14(12), N2-Zn1-N1 65.07(12), O1-Zn2-N4 106.07(12), N6-Zn2-N5 65.06(12), Zn2-O1-Zn1 115.22(14), N1-C1-N2 113.3(3), N4-C24-N3 123.4(3), N5-C47-N6 113.1(3).*

Die weitere Charakterisierung des kristallinen Produktes erfolgte über NMR-, IR-Spektroskopie und Elementaranalyse. Während IR-Spektroskopie und Elementaranalyse die erwarteten Ergebnisse zeigten, sind die ^{1}H- und ^{13}C{^{1}H}- NMR-Spektren in deuteriertem Benzol recht komplex. Wie erwartet sind zwei Signale im Verhältnis 1:2 für die Methinprotonen vorhanden (4.58 ppm (μ-PEBA), 4.46 ppm). Diese sind aber recht breit und werden überlagert von einem dritten Signal. Auch für die Methylprotonen sind zwei breite Signale vorhanden. Zusätzlich gibt es aber noch ein kleineres drittes. Da die Signale des Kristall-THF andere Verschiebungen aufweisen als erwartet, scheint dieses an das Zink koordinieren zu können und dadurch für eine dynamische Umwandlung des Komplexes in Lösung zu sorgen. Bestätigt wird dies durch die Aufnahme des NMR-Spektrums in deuteriertem THF. Dort wird das Spektrum noch komplexer und es sind sowohl Signale für freies als auch koordinierendes THF vorhanden.

12 entsteht durch partielle Hydrolyse der intermediär gebildeten homo- und heteroleptischen Amidinat-Zink-Komplexe. Diese sind scheinbar extrem feuchtigkeitsempfindlich, so dass selbst dann noch **12** auskristallisierte als mit Methoden aus der Organolanthanoid-Chemie gearbeitet wurde. Dabei wird in einem geschlossenen System gearbeitet, in dem Glasgeräte nur über Schliffe miteinander verbunden sind. Das über Lithiumaluminiumhydrid aufbewahrte Lösungsmittel wird auf das Reaktionsgemisch kondensiert, so dass Verunreinigung des Lösungsmittels mit Wasser nahezu ausgeschlossen werden kann. Über ähnliche Probleme bei der Synthese von Amidinat-Zink-Komplexen berichteten auch schon die Arbeitsgruppen von *Junk* und *Gibson*.[31a, 32b]

Dass bei der versuchten Synthese der homo- und heteroleptischen Komplexe immer das gleiche Hydrolyse-Produkt erhalten wird, spricht dafür, dass ähnlich dem Schlenk-Gleichgewicht beim Magnesium, hier auch Umlagerungen in Lösung erfolgen. Versuche **12** rational darzustellen, indem entsprechende Mengen Wasser gelöst in Toluol zu einer Toluol-Lösung aus drei Äquivalenten (*S*)-HPEBA und zwei Äquivalenten Dimethylzink zugetropft wurden, misslangen. Es konnte immer nur der Neutralligand (*S*)-HPEBA auskristallisiert werden.

Um ausschließen zu können, dass das Wasser in einem der Edukte vorhanden ist, wurde versucht über das Carbodiimid (*S*)-PEC die gewünschten Komplexe zu synthetisieren (Abbildung 36). Dazu wurde ähnlich der Vorschrift von Schulz *et al.* das Carbodiimid mit einem Äquivalent Diethylzink bzw. Diphenylzink umgesetzt.[60]

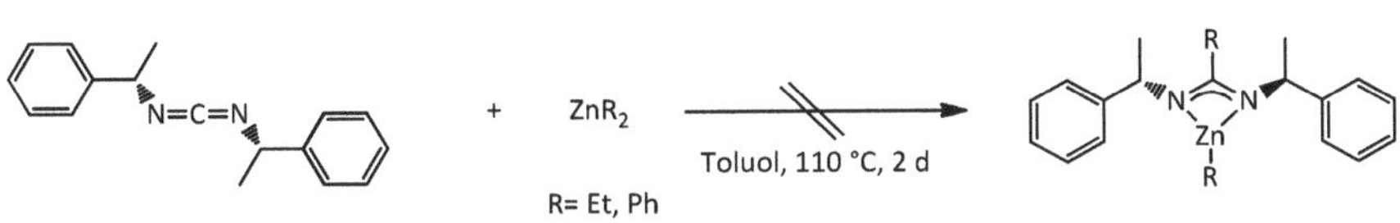

Abbildung 36: *Versuchte Synthesen von heteroleptischen Zink-Komplexen über (S)-PEC.*

Während der Versuch mit Diethylzink zu keinem Ergebnis führte, war die Umsetzung mit Diphenylzink vielversprechend. So waren im ^{1}H-NMR-Spektrum die erwarteten Signale im richtigen Intensitätsverhältnis vorhanden. Verunreinigungen waren, außer einem Signal für das Schlifffett, kaum sichtbar. Das Massenspektrum dagegen zeigte nicht den erwarteten

Molpeak, sondern Signale für schwerere Komplexe, unter anderem ein Signal für den homoleptischen Bisamidinat-Zink-Komplex. Auskristallisiert ist dagegen wiederum **12**.

Versuche Amidinat-Zink-Komplexe über eine Salzmetathese-Reaktion von Zink(II)chlorid und (*S*)-KPEBA, (*S*)-LiPEBA bzw. (*S*)-LiPETA zu synthetisieren, waren zumeist auch nicht erfolgreich (Abbildung 37). Beim Versuch mit (*S*)-KPEBA einen heteroleptischen Zink-Komplex zu synthetisieren, konnte aber das Chloro-verbrückte Analogon zu **12** erhalten werden, ein Komplex der Zusammensetzung [{(*S*)-PEBA}$_2${μ-(*S*)-PEBA}Zn_2(μ-Cl)] (**13**) (Abbildung 34).

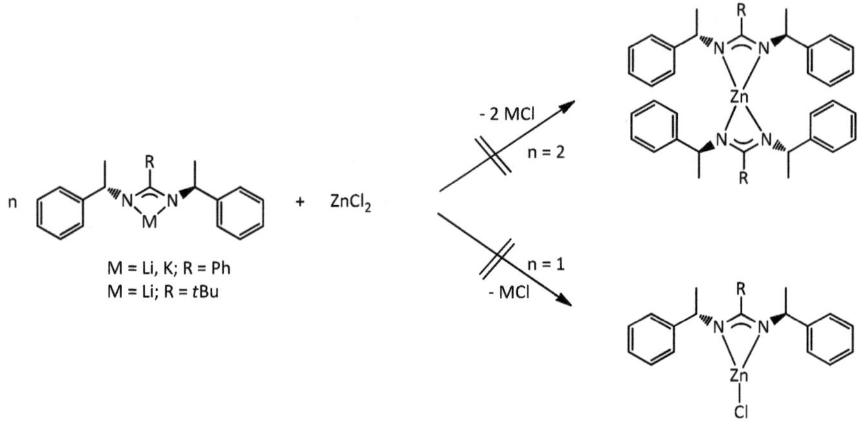

Abbildung 37: *Versuchte Synthesen von homo- und heteroleptischen Zink-Komplexen über Salzmetathese-reaktionen.*

13 kristallisiert in der orthorhombischen Raumgruppe $P2_12_12_1$ mit vier Molekülen des Komplexes in der Elementarzelle (Abbildung 38). Die Molekülstruktur im Festkörper ist der von **12** ähnlich aber nicht isostrukturell, da keine zusätzlichen Lösungsmittel in der Elementarzelle vorhanden sind und einige Phenylringe eine veränderte Position einnehmen. So besitzen die zentralen Phenylringe der chelatisierenden PEBA-Liganden einen vergleichsweise kleinen Torsionswinkel von 45.7° bzw. 49.4° gegenüber der NCN-Ebene. Beim verbrückenden PEBA-Liganden beträgt dieser Wert 83.2°. Die Phenylringe der PEBA-Einheiten sind auch nicht ganz so stark parallel ausgerichtet wie in **12**. Mit 56.9° ist die Verdrehung der chelatisierenden PEBA-Liganden zueinander ebenfalls nicht so stark ausgeprägt. Die NCN-Bindungswinkel und Zn-N-Bindungslängen sind dagegen annähernd gleich mit denen von **12**. Der Zn1-Cl-Zn2 Bindungswinkel ist aufgrund des größeren

Chloratoms mit 93.8(1)° um einiges kleiner, der Zn1-Zn2 Abstand dagegen mit 3.369(1) Å größer als die analogen Werte in **12**.

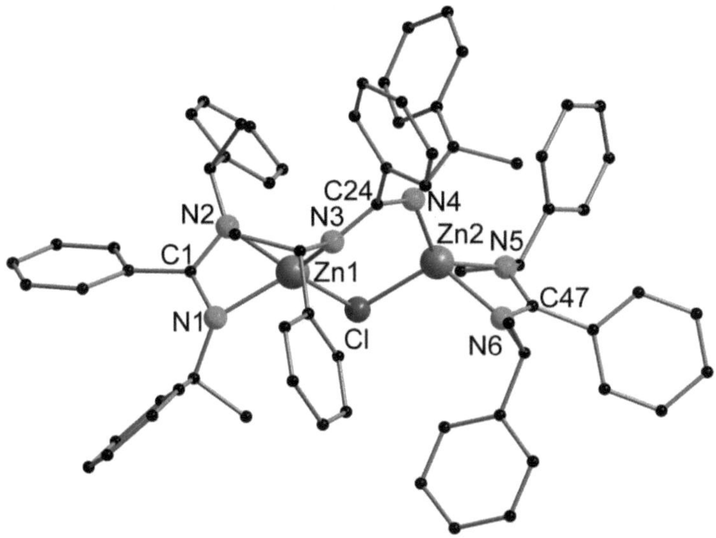

Abbildung 38: *Struktur von **13** im Festkörper ohne Darstellung der Wasserstoffatome. Ausgewählte Abstände [Å] und Winkel [°]: C1-N2 1.336(8), C1-N1 1.354(8), C24-N4 1.328(8), C24-N3 1.340(8), C47-N6 1.333(8), C47-N5 1.346(8), N1-Zn1 2.047(5), N2-Zn1 2.027(4), N3-Zn1 1.970(5), N4-Zn2 1.979(5), N5-Zn2 2.055(5), N6-Zn2 2.028(4), Cl-Zn2 2.304(2), Cl-Zn1 2.312(2); N2-C1-N1 111.9(5), N4-C24-N3 122.1(5), N6-C47-N5 113.1(5) Zn2-Cl-Zn1 93.77(5) N2-Zn-N1 66.4(2), N6-Zn2-N5 66.4(2).*

Weitere Charakterisierung erfolgte über Elementaranalyse, NMR- und IR- Spektroskopie. Im Gegensatz zu **12** entsprechen die ^{1}H- und ^{13}C{^{1}H}- NMR-Spektren in deuterierten Benzol den Erwartungen. So werden zwei Signale im Intensitätsverhältnis 2:1 für die Methinprotonen erhalten (4.44 ppm, 4.27 ppm (µ-PEBA)). Ein Quartett ist aber nur für die Protonen der chelatisierenden Liganden zu erkennen, das andere Signal ist verbreitert. Für die Methylgruppen wird nur ein Dublett bei 1.49 ppm erhalten. Die unterschiedlichen NMR-Spektren zwischen **12** und **13** lassen sich damit erklären, dass **13** ohne Donor-Lösungsmittel auskristallisiert, welches bei **12** in Lösung den Komplex zerstört.

Obwohl der PETA-Ligand sterisch anspruchsvoller ist als der PEBA-Ligand, konnten mit diesem keine Zink-Komplexe erhalten werden. Anders als mit PEBA konnten nur Öle als Produkte erhalten werden, die sich nicht aufreinigen ließen.

Um zu zeigen, dass es durchaus möglich ist Zink-Komplexe mit Amidinaten zu stabilisieren, wurde ein achirales Amidin synthetisiert, da damit Komplexe besser auskristallisieren sollten. Da Kakimoto *et al.* ausgehend von aromatischen Aminen eine einstufige Amidin-Synthese entwickelt haben, wurde das aromatische Mesitylamin als Startmaterial ausgewählt.[61] Dieses wurde mit Benzoesäure bei 160 °C in Polyphosphorsäuretrimethylsilylester (PPSE) zum Bis-(mesityl)benzamidin (HMBA) umgesetzt (Abbildung 39).

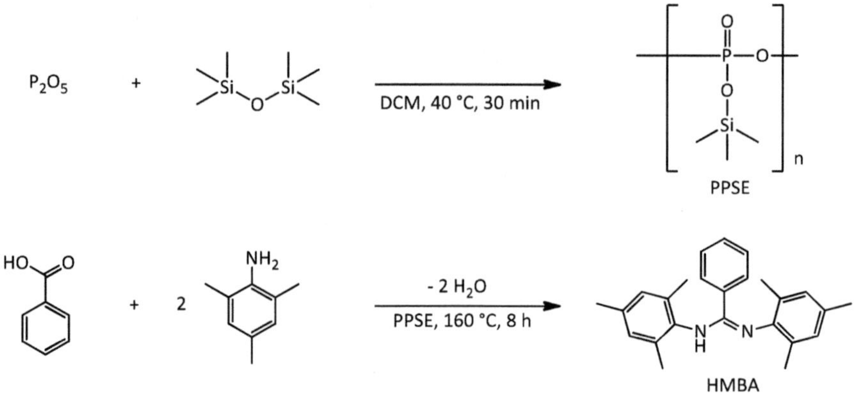

Abbildung 39: *Darstellung von Bis-(mesityl)benzamidin (HMBA).*

Aus einer heißgesättigten Acetonitril-Lösung konnten Einkristalle für die Einkristallröntgenstrukturanalyse erhalten werden. HMBA kristallisiert in der monoklinen Raumgruppe *P2/c* mit vier Molekülen in der Elementarzelle (Abbildung 40). Im Gegensatz zum (*R*)-HPEBA wo nur ein Isomer auskristallisiert, liegt bei HMBA eine Fehlordnung zwischen den beiden Tautomeren *E-syn* und *Z-anti* vor. Die gleichen C-N Bindungsabstände im heteroallylischen System (C1-N1 1.325(2) Å, C1-N2 1.329(2) Å) bestätigen dies. Der Bindungswinkel N1-C1-N2 ist mit 121.2° etwas größer als im HPEBA aber trotzdem fast ideal für ein sp^2-hybridisiertes Kohlenstoffatom. Der Torsionswinkel zwischen der Phenylgruppe und der N1-C-N2-Ebene ist mit 46.8° relativ klein.

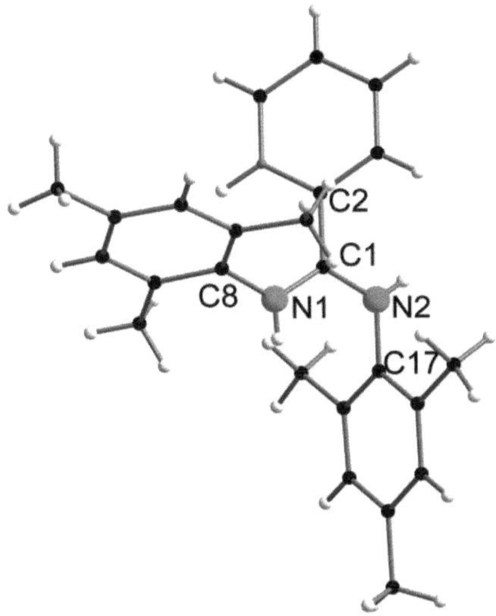

Abbildung 40: *Struktur von HMBA im Festkörper. Ausgewählte Abstände [Å] und Winkel [°]: C1-N1 1.3247(15), C1-N2 1.329(2), C1-C2 1.489(2), C8-N1 1.421(2), C17-N2 1.430(2); N1-C1-N2 121.24(12), N1-C1-C2 122.44(11), N2-C1-C2 116.27(10), C1-N1-C8 125.58(12), C1-N2-C17 120.04(10).*

Zur weiteren Charakterisierung wurden NMR-, IR- und Massenspektren gemessen und eine Elementaranalyse durchgeführt, welche die erfolgreiche Synthese bestätigen. Im ^{1}H-NMR-Spektrum sind die Protonen der beiden Mesitylringe nicht homotop zueinander, so dass es jeweils einen Satz von Signalen pro Mesitylring gibt. Es werden jeweils zwei Singuletts für die *para*-ständigen Methylgruppen (2.25 ppm, 2.06 ppm) und zwei Singuletts für die ortho-ständigen Methylgruppen (2.37 ppm, 1.90 ppm) erhalten, wobei die Signale des Imin-gebundenen Mesitylrestes stärker ins Tieffeld verschoben sind. Gleiches gilt für die *meta*-ständigen Protonen der Mesitylreste. Auch dort werden zwei Signale (6.93 ppm, 6.57 ppm) detektiert.

Um einen homoleptischen Zink-Komplex zu erhalten, wurde HMBA mit Dimethylzink in Toluol umgesetzt (Abbildung 41). Beim Einengen der Lösung fiel das gewünschte Produkt $[(MBA)_2Zn]$ (**14**) aus und konnte aus einer heißgesättigten Toluol-Lösung kristallisiert werden.

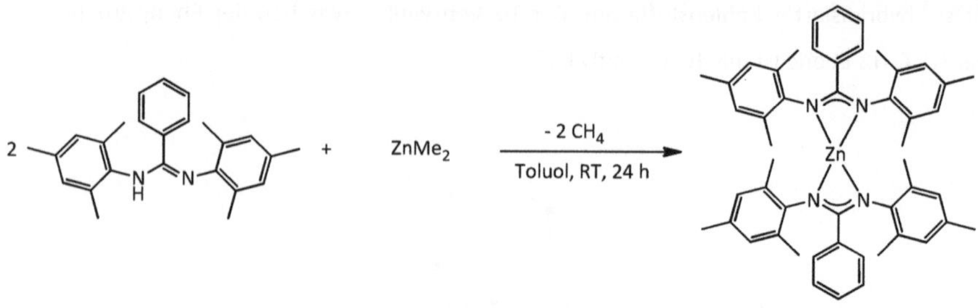

14

Abbildung 41: *Darstellung von [(MBA)$_2$Zn] (**14**).*

14 kristallisiert in der triklinen Raumgruppe $P\bar{1}$ mit zwei Molekülen des Komplexes und zwei Toluol-Molekülen in der Elementarzelle (Abbildung 42). Das Zinkatom ist verzerrt tetraedrisch von den Stickstoffatomen des Liganden koordiniert. Die beiden Liganden stehen gestaffelt zueinander und koordinieren leicht unsymmetrisch an das Zinkatom. Die Zn-N Bindungslängen (Zn-N1 2.042(3) Å, Zn-N2 2.026(3) Å, Zn-N3 2.013(3) Å, Zn-N4 2.052(3) Å) sind in der gleichen Größenordnung wie die in **12** und **13** gefundenen. Die NCN-Bindungswinkel (N1-C1-N2 112.0(3)°, N4-C26-N3 111.8(3)°) sind dagegen etwas kleiner. Die Mesitylgruppen der Liganden sind leicht zueinander verdreht. Der Torsionswinkel des Phenylringes gegenüber der NCN-Ebene ist wie schon beim Neutralliganden mit 35.6° recht klein.

14 wurde standardanalytisch untersucht. Sowohl IR- und NMR-Spektroskopie als auch Massenspektrometrie und Elementaranalyse bestätigten die erfolgreiche Synthese. Durch die Koordination des MBA-Liganden vereinfacht sich das ^{1}H-NMR-Spektrum gegenüber dem Neutralliganden, da beide Mesitylgruppen nun chemisch äquivalent sind. Für die Methylgruppen werden Signale bei 2.24 ppm (*ortho*) und 2.07 ppm (*para*) erhalten. Die *meta*-ständigen Mesityl-Protonen ergeben ein Singulett bei 6.71 ppm.

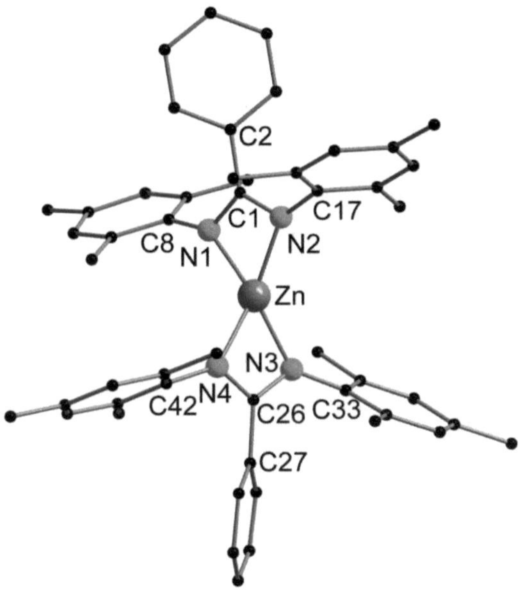

Abbildung 42: *Struktur von **14** im Festkörper ohne Darstellung der Wasserstoffatome. Ausgewählte Abstände [Å] und Winkel [°]: C1-N1 1.322(5), C1-N2 1.336(4), C1-C2 1.497(5), C1-Zn 2.452(3), C8-N1 1.419(4), C17-N2 1.416(4), C26-N4 1.330(4), C26-N3 1.345(4), C26-Zn 2.453(3), C33-N3 1.419(4), C42-N4 1.419(4), N1-Zn 2.042(3), N2-Zn 2.026(3), N3-Zn 2.013(3), N4-Zn 2.052(3); N1-C1-N2 112.0(3), N1-C1-C2 124.4(3), N2-C1-C2 123.6(3), N1-C1-Zn 56.4(2), N2-C1-Zn 55.7(2), C2-C1-Zn 177.6(2), N4-C26-N3 111.8(3), N4-C26-C27 124.1(3), N3-C26-C27 124.0(3), N4-C26-Zn 56.8(2), N3-C26-Zn 55.1(2), C27-C26-Zn 174.8(3), C1-N1-C8 127.8(3), N2-Zn-N1 65.61(12), N3-Zn-N4 66.01(11), C1-Zn-C26 171.84(10).*

3.4 Amidinat-Rhenium(VII)oxid-Komplexe

Da homoleptische Zink-Komplexe gute Ausgangsstoffe für die Synthese von Rhenium(VII)oxid-Verbindungen darstellen, sollte untersucht werden ob es mit **14** möglich ist stabile Amidinat-Rhenium(VII)oxid-Komplexe zu synthetisieren.

Dazu wurde **14** mit Dirheniumheptoxid bei -78 °C in THF umgesetzt. Durch Extraktion mit *n*-Pentan und anschließender Kühlung auf -30 °C konnten gelbe Einkristalle von [(MBA)ReO_3] (**15**) erhalten werden (Abbildung 43).

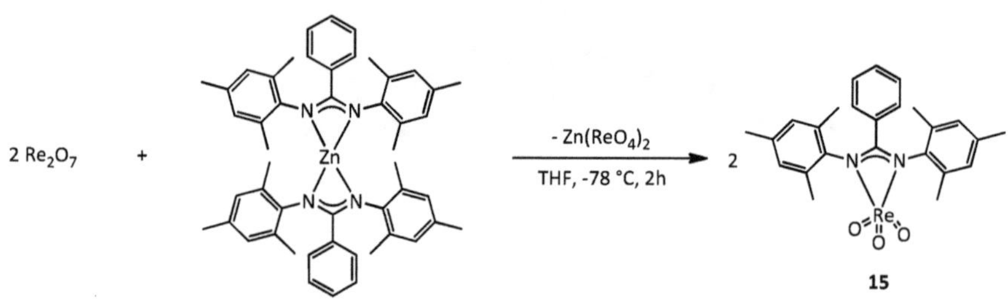

Abbildung 43: *Darstellung von [(MBA)ReO₃] (**15**).*

Dieses kristallisiert in der orthorhombischen Raumgruppe $Pca2_1$ mit acht Molekülen in der Elementarzelle (Abbildung 44). Das Rheniumatom ist von den Liganden-Stickstoffatomen und den drei Sauerstoffatomen fünffach koordiniert. Der Ligand ist unsymmetrisch an das Rhenium gebunden. So ist der Re1-N1 Abstand (2.058(9) Å) um einiges kürzer als der Re1-N2 Abstand (2.221(7) Å). Einen Grund dafür deuten die C1-N-Bindungslängen an. So ist die C1-N1-Bindung (1.377(13) Å) deutlich länger als die C1-N2-Bindung (1.292(14) Å). Die C1-N1-Bindung entspricht also eher einer Einfachbindung, während die C1-N2-Bindung eher Doppelbindungs-Charakter besitzt. Die negative Ladung ist dementsprechend stärker auf N1 konzentriert, was eine stärkere Re-N-Bindung zu Folge hat. Ein weiterer Grund für das unsymmetrische Koordinationsverhalten des MBA-Liganden könnte mit der Stellung der Stickstoffatome zu den Sauerstoffatomen zu tun haben. So steht N1 ekliptisch zu O1 während N2 gestaffelt zu O2 und O3 positioniert ist. Auffällig ist auch der sehr kleine N1-C1-N2-Bindungswinkel von 107.7(10)°. Die Re-O Bindungslängen sind relativ ähnlich, wobei die Re1-O2 Bindungslänge mit 1.640(8) etwas kürzer ist als die anderen beiden (Re1-O1 1.670(7) Å, Re1-O3 1.670(9) Å). Wie auch beim Zink-Komplex **14**, ist der Torsionswinkel des

Phenylrestes gegenüber der NCN-Ebene mit 40.0° recht klein und die Mesitylgruppen stehen leicht verdreht zueinander. Die Größenordnung der Bindungslängen und -winkel entsprechen denen, der von Walther *et al.* synthetisierten Bis(trimethylsilyl)benzamidinat-Rhenium(VII)oxid-Verbindung.[39]

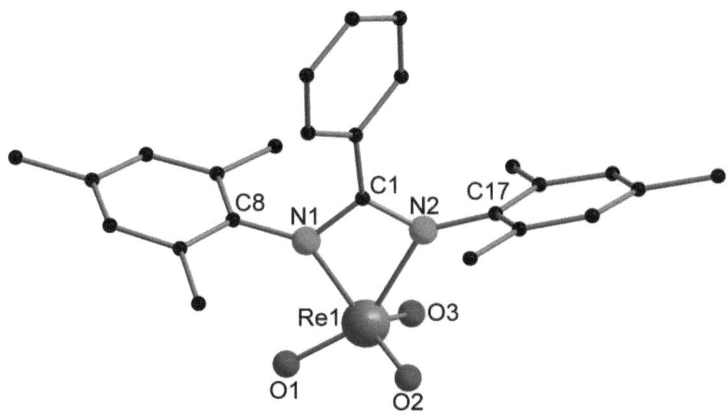

Abbildung 44: *Struktur von **15** im Festkörper ohne Darstellung der Wasserstoffatome. Ausgewählte Abstände [Å] und Winkel [°]: Re1-O2 1.640(8), Re1-O1 1.670(7), Re1-O3 1.670(9), Re1-N1 2.058(9), Re1-N2 2.221(7), Re1-C1 2.637(13), Re2-O4 1.649(9), Re2-O5 1.683(9), Re2-O6 1.708(9), Re2-N3 2.065(9), Re2-N4 2.210(7), N1-C1 1.377(13), N1-C8 1.430(13), N2-C1 1.292(14), N2-C17 1.410(12) , N3-C26 1.344(12), N3-C33 1.420(13), N4-C26 1.272(13), N4-C42 1.409(11); O2-Re1-O1 105.9(4), O2-Re1-O3 110.4(4), O1-Re1-O3 107.5(4), O2-Re1-N1 114.2(4), O1-Re1-N1 89.3(4), O3-Re1-N1 125.3(4), O2-Re1-N2 90.3(4), O1-Re1-N2 149.5(4), O3-Re1-N2 90.0(3), N1-Re1-N2 60.4(3), O4-Re2-O5 108.6(4), O4-Re2-O6 104.4(4), O5-Re2-O6 108.3(4), O4-Re2-N3 89.4(4), O5-Re2-N3 129.1(4), O6-Re2-N3 112.6(4), O4-Re2-N4 148.1(4), O5-Re2-N4 88.1(3), O6-Re2-N4 95.2(3), N3-Re2-N4 59.6(3), N2-C1-N1 107.7(10), N4-C26-N3 109.0(9).*

Die NMR-, IR- und Massenspektren entsprechen den Erwartungen. Eine gute Elementaranalyse von **15** zu erhalten, gestaltet sich schwierig. Das Produkt zersetzt sich scheinbar langsam in Lösung bei Raumtemperatur, da ein farbloser Niederschlag ausfällt wenn eine *n*-Pentan-Lösung von **15** eine Weile stehen gelassen wird. Dadurch gibt es Probleme das Produkt rein zu isolieren. Die Proben für die Elementaranalysen sind immer etwas verunreinigt. Eine Anpassung der Syntheseroute durch Arbeiten unter Lichtausschluss und besserer Kühlung sollte das Problem aber beheben.

Aufgrund der erfolgreichen Synthese von **15** sollte nun versucht werden mit dem chiralen (*S*)-PEBA Liganden einen Rhenium(VII)-Komplex zu synthetisieren. Da der homoleptische Zink-Komplex nicht isoliert werden konnte, wurde dieser durch die Reaktion von Dimethylzink mit (*S*)-HPEBA *in situ* erzeugt und anschließend mit Rheniumheptoxid umgesetzt (Abbildung 45). Die Reaktion verlief analog zu der Synthese von **15**. Kristallines Material konnte ebenfalls durch kühlen aus gesättigten *n*-Pentan- bzw. *n*-Heptan-Lösungen erhalten werden. Die Kristalle waren aber nicht einkristallin, so dass eine Einkristallröntgenstrukturanalyse kein brauchbares Ergebnis lieferte. Die Charakterisierung über NMR- und IR-Spektroskopie sowie Massenspektrometrie bestätigten jedoch die erfolgreiche Synthese von [{(*S*)-PEBA}ReO_3] (**16**). So können im ^{1}H-NMR- und ^{13}C{^{1}H}-NMR-Spektrum die typischen Signale des koordinierenden Liganden beobachtet werden. Außerdem zeigt das IR-Spektrum zusätzlich zu den üblichen Signalen des Liganden noch zwei Signale bei 960 cm^{-1} und 919 cm^{-1} für die Re=O Valenzschwingungen. Im Massenspektrum kann der Molpeak bei *m/z* = 562 (7 %) detektiert werden. Auch das übrige Fragmentierungsmuster entspricht den Erwartungen. Bei der Elementaranalyse gibt es die gleichen Probleme wie bei **15**.

Mit **16** konnte somit erstmals erfolgreich ein chiraler Trioxorhenium(VII)-Komplex synthetisiert werden. Vorher waren nur Säure-Base-Addukte des Methyltrioxorheniums mit chiralen Basen bekannt.[38]

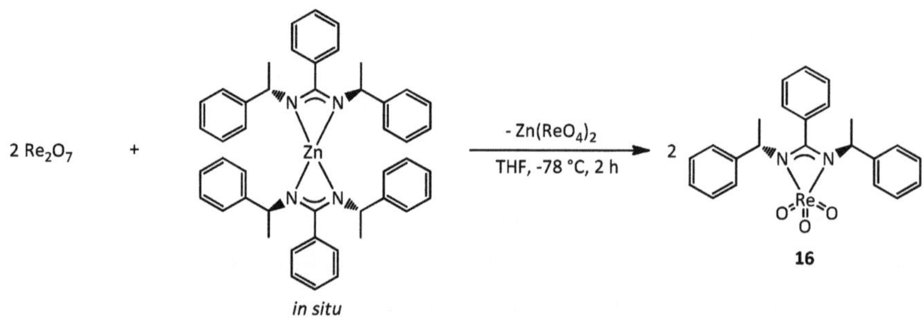

Abbildung 45: *Darstellung von [{(S)-PEBA}ReO₃] (**16**).*

3.5 Triazacyclononan-verbrückte Trisarylhydroxid-Liganden in der Lanthanoid-Chemie

Aufgrund der erfolgreichen Verwendung von Triazacyclononan-verbrückten Trisarylhydroxid-Liganden ((^{R}ArOH)$_3$tacn) in der Koordinationschemie des Urans, zur Aktivierung kleiner Moleküle, sollte das Potential von analogen Lanthanoid-Komplexen in diesen Reaktionen untersucht werden. Die Arbeitsgruppe *Meyer* (Universität Erlangen-Nürnberg) stellte die Liganden zur Verfügung.

Zunächst wurden Lanthanoid-Komplexe ausgehend von dem 1,4,7-Tris(3,5-di-*tert*-butyl-2-hydroxybenzyl)-1,4,7-triazacyclononan ((^{tBu}ArOH)$_3$tacn) synthetisiert. Diese wurden über Metallierungsreaktionen des Neutralligandens mit [Ln(BDSA)$_3$(THF)$_2$] (Ln = Lu, Sm) bzw. [Eu(BTSA)$_3$] in THF dargestellt. In allen drei Fällen konnten Komplexe der Zusammensetzung [{(^{tBu}ArO)$_3$tacn}Ln] (Ln = Lu (**17**), Sm (**18**), Eu (**19**)) erhalten werden (Abbildung 46).

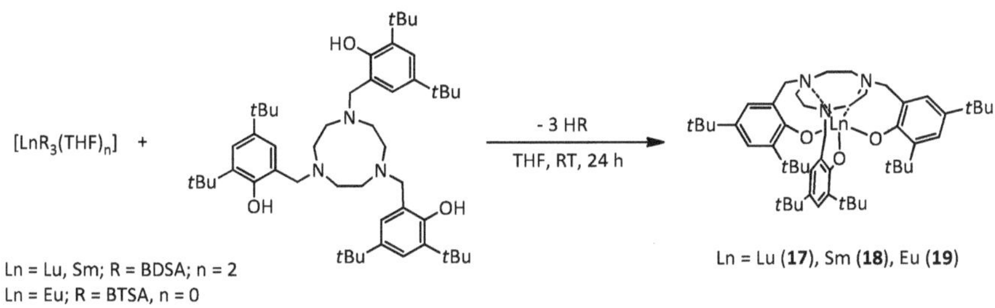

Abbildung 46: *Darstellung von [{(^{tBu}ArO)$_3$tacn}Ln] (Ln = Lu (**17**), Sm (**18**), Eu (**19**)).*

Aus heißgesättigten THF- (**17**) bzw. Toluol-Lösungen (**18**, **19**) konnten Kristalle für die Einkristallröntgenstrukturanalyse gewonnen werden. Obwohl strukturell sehr ähnlich, kristallisieren die drei Verbindungen in unterschiedlichen Raumgruppen. Dies ist auf die unterschiedliche Art und Anzahl an cokristallisiertem Lösungsmittel zurückzuführen. Während **17** in der kubischen Raumgruppe $I\bar{4}3d$ eine Festkörperstruktur ausbildet, kristallisiert **18** in der triklinen Raumgruppe $P\bar{1}$ und **19** in der trigonalen Raumgruppe $R\bar{3}$ (Abbildung 47 rechts). Die Zentralatome sind von den drei Sauerstoffatomen und den drei Stickstoffatomen des Liganden verzerrt oktaedrisch koordiniert. Die Ln-N-Bindungsabstände (Lu-N 2.451(4) Å, Sm-N 2.577(4) - 2.608(4) Å, Eu-N 2.595(3) Å) sind viel größer als die Ln-O Bindungsabstände (Lu-O 2.100(3) Å, Sm-O 2.187(3) - 2.190(3) Å, Eu-O 2.184(4) Å). Dadurch befindet sich das Lanthanoidatom leicht oberhalb der von den Sauerstoffatomen gebildeten

Ebene (Abstand Ln zur OOO-Ebene: 0.840 Å (**17**), 0.757 Å (**18**), 0.762 Å (**19**)). Dies wird durch die deutlich größeren O-Ln-O-Bindungswinkel (105.1(1)° (**17**), 104.8(1)° - 110.8(1)° (**18**), 108.4(2)° (**19**)) gegenüber den N-Ln-N Bindungswinkeln (71.3(2)° (**17**), 67.5(1)° - 68.9(1)° (**18**), 68.8(1)° (**19**)) verdeutlicht. Durch den kleineren Ionenradius von Lutetium gegenüber Samarium und Europium wird das Lutetiumatom besser von dem Liganden umschlossen und befindet sich in größerem Abstand zur Ebene der Sauerstoffatome. Das Zentralmetall in **17** und **19** wird symmetrisch koordiniert, wodurch die Moleküle eine kristallographische C_3-Achse besitzen. Diese Symmetrieachse ist in **18** nicht vorhanden, da das Samariumatom leicht unsymmetrisch koordiniert wird. So betragen z.B. die Unterschiede zwischen den O-Sm-O-Bindungswinkeln 6° und die der Sm-O-Bindungsabstände 0.03 Å.

Der Ligand schirmt das Zentralmetall bis auf die Unterseite ab. Dort befindet sich eine freie Koordinationsstelle, wie das raumerfüllende Modell deutlich zeigt (Abbildung 47 links). Da die in *ortho-Position* zum Sauerstoff stehenden *tert*-Butylgruppen diese aber teilweise abschirmen, ist sie zu klein um z.B. von einem THF-Molekül besetzt zu werden.

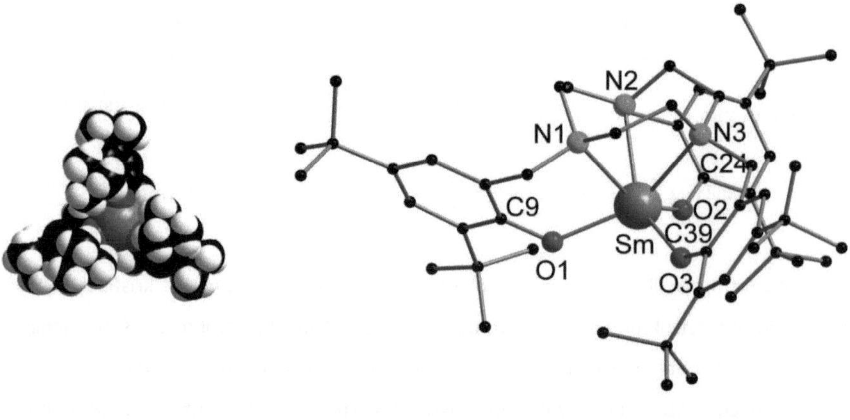

Abbildung 47: *links: raumerfüllendes Modell von **18** mit Blickrichtung auf die freie Koordinationsstelle. rechts: Struktur von **18** im Festkörper ohne Darstellung der Wasserstoffatome. Ausgewählte Abstände [Å] und Winkel [°] für **18** und den ähnlichen Verbindungen **17** und **19**: **17**: C5-O1 1.322(6), N-Lu 2.451(4), O1-Lu 2.100(3); O1-Lu-O1′ 105.07, C5-O1-Lu 138.2(3), O1-Lu-N 99.01(15), N-Lu-N 71.33(15). **18**: C9-O1 1.336(5), C24-O2 1.333(5), C39-O3 1.340(5), N1-Sm 2.595(4), N2-Sm 2.608(4), N3-Sm 2.577(4), O1-Sm 2.190(3), O2-Sm 2.190(3), O3-Sm 2.187(3); C9-O1-Sm 132.8(3), C24-O2-Sm 142.4(3), C39-O3-Sm 138.7(3), O3-Sm-O2 110.56(13), O3-Sm-O1 104.75(13), O2-Sm-O1 110.77(13), O1-Sm-N1 77.01(14), O2-Sm-N2 76.99(13), O3-Sm-N3 77.12(13), N1-Sm-N2 67.46(12), N3-Sm-N2 68.90(11), N3-Sm-N1 68.19(13). **19**: C5-O 1.334(5), N-Eu 2.595(3), O-Eu 2.184(4); C5-O-Eu 138.7(2), O-Eu-O′ 108.4(2), N-Eu-N′ 68.82(11), O-Eu-N 77.38(8).*

Die Komplexe **17**, **18** und **19** wurden standardanalytisch charakterisiert. Dabei ist vor allem das ^{1}H-NMR-Spektrum von **17** Interessant (da **18** und **19** paramagnetisch sind, wurde auf eine NMR-Messung verzichtet). Während beim Neutralliganden nur zwei Signale für die Methylenprotonen beobachtet werden, sind es durch die Koordination des Liganden an das Lutetium und der damit verbundenen starren Konformation nun sechs. So sind die Protonen der Metyhlenbrücke, aufgrund der *cis*- bzw. *trans*-Stellung zum Metall, nicht mehr magnetisch äquivalent zueinander und ergeben jeweils ein Dublett (4.03 ppm, 3.14 ppm). Ebenso verhält es sich mit den Methylenprotonen des Triazacyclononanringes. Diese ergeben nun vier Signale mit einem ddd-Aufspaltungmuster (3.01 ppm, 2.77 ppm, 2.32 ppm, 2.23 ppm). Das Aufspaltungsmuster unterscheidet sich zwischen den geminalen Methylenprotonen eines Kohlenstoffatoms, da die Kopplungskonstante winkelabhängig ist. Während das eine Wasserstoffatom *gauche* zu den Wasserstoffatomen des benachbarten Kohlenstoffatoms steht, ist das andere *gauche* zu dem einen und annähernd *anti* zu dem anderen Wasserstoffatom des benachbarten Kohlenstoffatoms.

Um zu zeigen, dass die freie Koordinationsstelle durch kleine lineare Moleküle besetzt werden kann, wurde die Metallierungsreaktion für Samarium in einem 1:1 Gemisch aus THF und Acetonitril durchgeführt. Umkristallisation aus dem heißgesättigten Lösungsmittelgemisch ergab das entsprechende Acetonitril-Addukt [{(^{tBu}ArO)$_3$tacn}Sm(NCCH$_3$)] (**20**) (Abbildung 48).

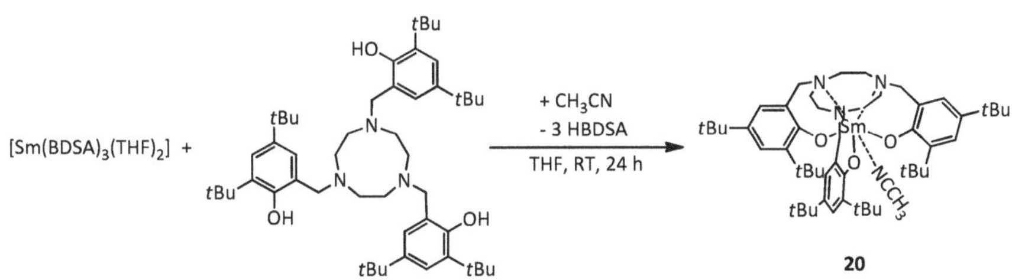

Abbildung 48: *Darstellung von [{(^{tBu}ArO)$_3$tacn}Sm(NCCH$_3$)] (**20**).*

20 kristallisiert in der monoklinen Raumgruppe $P2_1/c$ mit vier Molekülen des Komplexes, einem Acetonitril- und einem THF-Molekül in der Elementarzelle (Abbildung 49). Das Samariumatom ist siebenfach koordiniert. Dabei bilden die drei Stickstoffatome und die drei Sauerstoffatome des (^{tBu}ArO)$_3$tacn ein trigonales Antiprisma, welches vom Stickstoffatom des Acetonitrils überkappt wird. Sowohl die N-Sm-Bindungslängen (2.585(5) - 2.660(6) Å) als auch die O-Sm Bindungslängen (2.211(4) - 2.240(4) Å) sind geringfügig länger als in **18**. Die Variation der Bindungsabstände zeigt, dass das Samariumatom nicht ganz symmetrisch vom $((^{tBu}ArO)_3tacn)$-Liganden koordiniert wird. Dies war im gleichen Maße auch schon bei **18** der Fall. Durch die Koordination des Acetonitrils an das Samariumatom und dem damit verbundenen höheren Raumbedarf sind die O-Sm-O Bindungswinkel (108.9(2)° - 119.4(2)°) größer als in **18**. Während die N-Sm-N Bindungswinkel (65.4(2)° - 68.0(2)°) im Allgemeinen etwas kleiner sind. Dadurch ist der Abstand des Samariumatoms zur Ebene der Sauerstoffatome gebildeten mit 0.668 Å um 0.009 Å geringer als in **18**. Der N4-Sm-Bindungsabstand zum Acetonitril ist mit 2.675(6) Å in der gleichen Größenordnung wie der Bindungsabstand der Stickstoffatome des $(^{tBu}ArO)_3tacn)$-Liganden zum Samarium. Die Wechselwirkung ist demzufolge schwach. Der Acetonitril-Ligand koordiniert leicht angewinkelt an das Zentralatom. So beträgt der Sm-N4-C52 Bindungswinkel 168.6(2)°. Interessanterweise konnten Wieghardt *et al.* in der Synthese von $(^{R}ArO)_3tacn$-Komplexen des Scandium, keine Acetonitril-Addukte erhalten, obwohl aus Acetonitril umkristallisiert wurde,[62] was vermutlich am kleineren Ionenradius des Scandiums gegenüber dem des Samariums liegt.

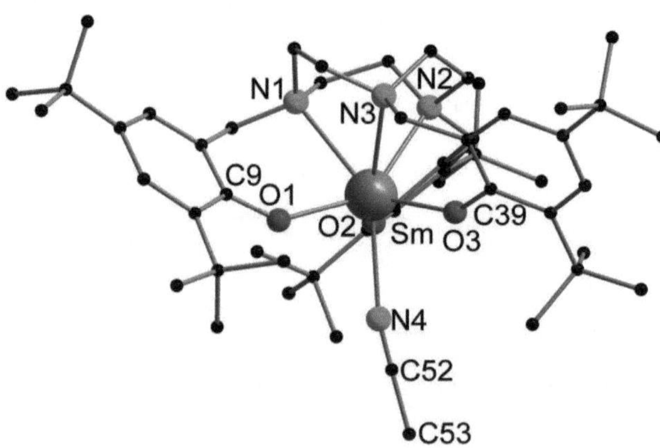

Abbildung 49: *Struktur von **20** im Festkörper ohne Darstellung der Wasserstoffatome. Ausgewählte Abstände [Å] und Winkel [°]: C9-O1 1.322(7), C24-O2 1.328(7), C39-O3 1.340(8), C52-N4 1.145(9), C52-C53 1.438(9), N1-Sm 2.660(6), N2-Sm 2.585(5), N3-Sm 2.637(5), N4-Sm 2.675(6), O1-Sm 2.211(4), O2-Sm 2.240(4), O3-Sm 2.235(4); C52-N4-Sm 168.6(6), C9-O1-Sm 140.1(4), C24-O2-Sm 143.8(4), C39-O3-Sm 144.5(4), O1-Sm-O3 116.9(2), O1-Sm-O2 108.9(2), O3-Sm-O2 119.4(2), O1-Sm-N1 75.2(2), O2-Sm-N2 73.9(2), O3-Sm-N3 74.0(2), N2-Sm-N1 67.2(2), N2-Sm-N3 68.0(2), N3-Sm-N1 65.4(2).*

Versuche andere kleine Moleküle in die Koordinationssphäre des Samarium-Komplexes **18** einzuführen scheiterten. So wurde versucht die Metallierungsreaktion des Samarium-Komplexes in einer Kohlenstoffdioxid-Atmosphäre durchzuführen um das entsprechende CO_2-Addukt zu synthetisieren. Es konnten aber immer nur Kristalle von **18** erhalten werden. CO_2 ist ein solch schwacher Donor, dass sich kein Addukt isolieren lässt. Der Versuch *tert*-Butylisonitril an **18** zu koordinieren, funktionierte ebenfalls nicht. Wahrscheinlich ist die *tert*-Butyl-Gruppe sterisch zu anspruchsvoll für die kleine Koordinationsstelle.

Da man durch den *ortho*-Substituenten die Größe der Koordinationsstelle variieren kann, wurde 1,4,7-Tris-(3-adamantyl-5-*tert*-butyl-2-hydroxybenzyl)-1,4,7-triazacyclononan ($(^{Ad}ArOH)_3$tacn) über eine Amin-Abspaltungsreaktion mit $[Sm(BDSA)_3(THF)_2]$ in THF umgesetzt. Der sterisch sehr anspruchvolle Adamantylrest sollte die Koordinationsstelle besser abschirmen und die Addukte mit kleinen Molekülen stabilisieren. Kristallisation aus einer heißgesättigten THF-Lösung ergab den gewünschten Komplex $[\{(^{Ad}ArO)_3tacn\}Sm]$ (**21**) (Abbildung 50).

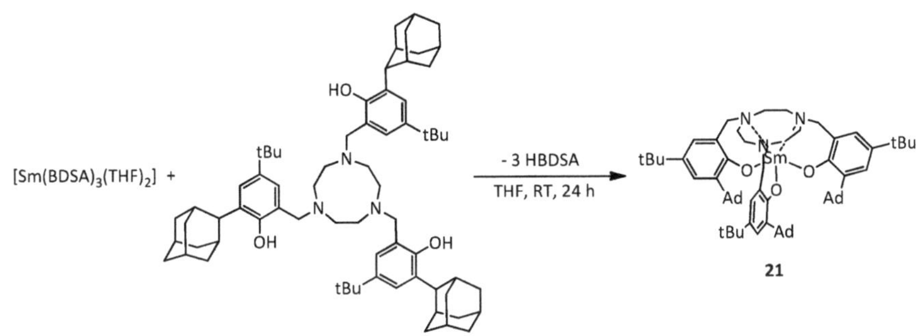

Abbildung 50: *Darstellung von $[\{(^{Ad}ArO)_3tacn\}Sm]$ (**21**).*

Dieser kristallisiert in der orthorhombischen Raumgruppe $Pna2_1$ (Abbildung 51 rechts). Da immer nur feine farblose Nadeln erhalten wurden, ist der Datensatz der Einkristallröntgenstrukturanalyse sehr schlecht (R_{int} = 0.29). Aus diesem Grund muss auf eine Diskussion der Bindungslängen und -winkel verzichtet werden. Prinzipiell ähnelt die Festkörperstruktur der von **18**. Das Samariumatom ist verzerrt oktaedrisch von den Ligandendonoratomen koordiniert. Der Ligand umschließt das Metallzentrum nun fast vollständig. Die Adamantylreste schirmen die freie Koordinationsstelle effizient ab, wie das raumerfüllende Modell von **21** zeigt (Abbildung 51).

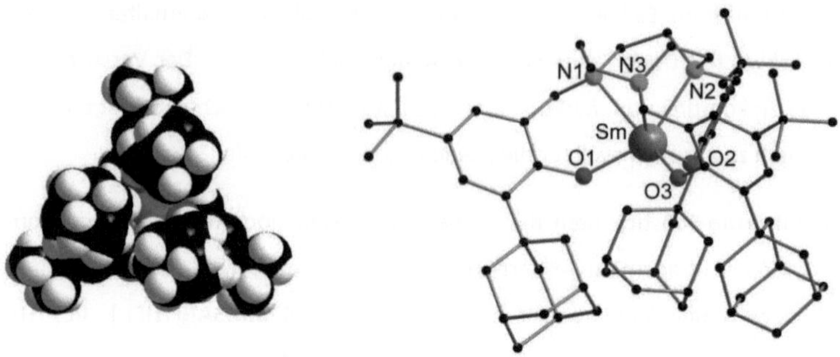

Abbildung 51: *links: raumerfüllendes Modell von **21** mit Blickrichtung auf die freie Koordinationsstelle. rechts: Struktur von **21** im Festkörper ohne Darstellung der Wasserstoffatome.*

Zur weiteren Analytik wurden IR- und Massenspektren gemessen und eine Elementaranalyse durchgeführt. Die erhaltenen Werte bestätigen die erfolgreiche Synthese. Versuche ein CO_2-Addukt von **21** zu erhalten, scheiterten wie auch schon bei **20**.

Die von Meyer *et al.* synthetisierten $(^{R}ArO)_3$tacn-Uran(III)-Komplexe wurden bei der Aktivierung kleiner Moleküle zumeist zu Uran(IV) oxidiert.[41] Deshalb wurde versucht oxidierbare $(^{R}ArO)_3$tacn-Lanthanoid-Komplexe zu synthetisieren. Da Cer das einzige Lanthanoid ist, was sich vergleichsweise einfach in die Oxidationsstufe +IV überführen lässt, wurde $(^{Ad}ArOH)_3$tacn mit $[Ce(BTSA)_3]$ umgesetzt. Die zunächst gelbe Lösung wurde dabei dunkellila. Versuche das Produkt zu isolieren, scheiterten. Wahrscheinlich wurde das Cer während der Reaktion oxidiert, da Cerocen ebenfalls die gleiche Farbe annimmt.

Auch der Versuch $(^{R}ArO)_3$tacn-Komplexe der zweiwertigen Lanthanoide zu synthetisieren, führte nicht zum Erfolg. So konnte **18** auch nach mehrtägigem Rühren in siedendem Toluol nicht mit Kalium reduziert werden. Der Europium-Komplex **19** ließ sich zwar reduzieren, das Produkt war aber nicht mehr in gängigen Lösungsmitteln löslich.

4. EXPERIMENTELLER TEIL

4.1. Allgemeines

Arbeitstechnik

Die Handhabung sämtlicher luftempfindlicher Verbindungen wurde unter strengem Ausschluss von Luft und Feuchtigkeit durchgeführt. Dazu wurden ausgeheizte Schlenkgefäße an Hochvakuumapparaturen mit einem Endvakuum von ca. $1 \cdot 10^{-3}$ mbar und Gloveboxen der Firma *MBraun* verwendet. Vorrats- und Reaktionsgefäße wurden über Schlauchverbindungen oder direkt über Schliffverbindungen an die Apparaturen angeschlossen, wiederholt auf Maximalvakuum evakuiert und anschließend mit Stickstoff oder Argon geflutet.

Lösungsmittel

Kohlenwasserstoffe (*n*-Pentan, *n*-Heptan, Toluol) wurden über eine Lösungsmitteltrocknungsanlage (SPS-800) der Firma *MBraun* getrocknet. Etherische Lösungsmittel (Et_2O, THF) wurden aus einer SPS-Anlage entnommen und nochmals über K/Benzophenon unter einer Stickstoffatmosphäre destilliert. Dichlormethan und Acetonitril wurden über CaH_2 unter einer Stickstoffatmosphäre mehrere Stunden refluxiert und dann destilliert. Sämtliche Lösungsmittel wurden in wiederverschließbaren Glasgefäßen unter Stickstoffatmosphäre aufbewahrt. Lösungsmittel in einer Kondensationsapparatur wurden zusätzlich über $LiAlH_4$ unter vermindertem Druck aufbewahrt und bei -78 °C direkt auf den Reaktionsansatz kondensiert. Deuterierte Lösungsmittel (C_6D_6, D_8-THF) wurden entgast und über Na/K-Legierung gelagert.

Spektroskopie/Spektrometrie

NMR-Spektren wurden auf Avance II 400 bzw. Avance II 300 FT-NMR-Spektrometern der Firma *Bruker* aufgenommen. Die chemischen Verschiebungen (ppm) sind auf Tetramethylsilan (^{1}H, ^{13}C) als internem Standard referenziert. Die Aufnahme von IR-Spektren erfolgte an einem Tensor 37 Spektrometer der Firma *Bruker*. Massenspektren wurden auf einem MAT 8200 der Firma *Finnigan* und einem DFS der Firma *Thermo Scientific* gemessen. Elementaranalysen wurden mit einem Vario EL bzw. EL III der Firma *Elementar*

Analysensysteme GmbH durchgeführt. Die Drehwerte wurden auf einem P-2000 Polarimeter der Firma *Jasco* bestimmt.

Darstellung der bekannten Ausgangsverbindungen

Die folgenden Verbindungen wurden nach literaturbekannten Vorschriften dargestellt:

$LnCl_3$ (Ln = Lu, Yb, Er, Sm, Eu)[63]
$[Ln(BDSA)_3(THF)_2]$ (Ln = Sm, Lu)[64]
$[Ln(BTSA)_3]$ (Ln = Sm, Lu, Eu)[65]

4.2 Synthesevorschriften und Analytik

4.2.1. Darstellung der Liganden

4.2.1.1 (R,R)- bzw. (S,S)-N,N'-Bis-(1-phenylethyl)benzamidin ((R)- bzw. (S)-HPEBA)

Unter starkem Rühren werden 9.46 mL (11.45 g, 81 mmol) Benzoylchlorid zu einer Reaktionsmischung aus 80 mL wässriger Natriumhydroxid-Lösung (10 %) und 10.00 mL (9.40 g, 78 mmol) (*R*)- bzw. (*S*)-1-Phenyletyhlamin zugetropft. Es wird für 1 h bei Raumtemperatur gerührt und anschließend filtriert. Der Rückstand wird mehrmals mit Wasser gewaschen und danach im Vakuum getrocknet. Es werden 13.57 g (60 mmol, 78 %) des farblosen (*R*)- bzw. (*S*)-*N*-(1-Phenylethyl)benzamid als Feststoff erhalten. – ^{1}H-NMR (400 MHz, $CDCl_3$, 23 °C): δ (ppm) = 7.69 - 7.17 (m, 10 H, Ph), 6.47 (br s, 1 H, N*H*), 4.06 (q, ^{3}J = 6.8 Hz, 1 H, C*H*), 1.49 (d, ^{3}J = 6.8 Hz, 3 H, CH_3). – ^{13}C{^{1}H}-NMR (100 MHz, $CDCl_3$, 23 °C): δ (ppm) = 166.6 (*C*O), 143.1 (*i*-Ph), 134.5 (*i*-Ph), 131.4 (Ph), 128.7 (Ph), 128.5 (Ph), 127.3 (Ph), 126.9 (Ph), 126.2 (Ph), 49.2 (*C*H), 21.7 (*C*H_3).

Dieses wird mit 11.65 mL (10.71 g, 100 mmol) 2,6-Lutidin in 150 mL trockenem Dichlormethan (DCM) gelöst und auf 0 °C gekühlt. Anschließend werden 5.17 mL (7.65 g, 60 mmol) Oxalylchlorid, gelöst in 50 mL trockenem DCM, zu der Reaktionsmischung langsam innerhalb von einer Stunde hinzu getropft. Die Reaktionsmischung verfärbt sich dabei rotbraun. Es wird für 30 min bei 0 °C gerührt und anschließend auf Raumtemperatur erwärmt und nochmals für 30 min gerührt. Die flüchtigen Bestandteile werden im Vakuum entfernt. Der dunkelbraune Rückstand wird mit 150 mL trockenem *n*-Pentan versetzt und 1 h gerührt. Die Suspension wird filtriert und anschließend vom Filtrat die flüchtigen Bestandteile im Vakuum entfernt. Das erhaltene rotbraune Öl wird im Vakuum destilliert. Bei 130 - 140 °C ($2.1 \cdot 10^{-1}$ mbar) destillieren 9.55 g (39 mmol, 65 %) des leicht gelben (*R*)- bzw. (*S*)-*N*-(1-Phenylethyl)benzimidoylchlorides über. – ^{1}H-NMR (400 MHz, $CDCl_3$, 23 °C): δ (ppm) = 7.94 - 7.10 (m, 10 H, Ph), 6.99 (br s, 1 H, N*H*), 5.05 (q, ^{3}J = 6.6 Hz, 1 H, C*H*), 1.44 (d, ^{3}J = 6.6 Hz, 3 H, CH_3). – ^{13}C{^{1}H}-NMR (100 MHz, $CDCl_3$, 23 °C): δ (ppm) = 144.1 (*C*Cl), 142.9 (*i*-Ph), 136.0 (*i*-Ph), 131.5 (Ph), 129.3 (Ph), 128.6 (Ph), 128.3 (Ph), 127.2 (Ph), 126.8 (Ph), 63.2 (*C*H), 23.8 (*C*H_3).

Dieses wird in 40 mL trockenem Toluol gelöst und anschließend werden 5.05 mL (4.75 g, 39 mmol) (*R*)- bzw. (*S*)-1-Phenyletyhlamin zugegeben. Das Reaktionsgemisch wird für 12 h unter

Rückfluss erhitzt. Man lässt auf -30 °C abkühlen und dekantiert das Lösungsmittel vom nun hochviskosen HPEBA·HCl-Öl ab. Der ölige Rückstand wird im Vakuum getrocknet. Anschließend wird dieser in 100 mL DCM gelöst und mit 100 mL gesättigter Natriumhydrogencarbonat-Lösung versetzt. Nach 1 h starkem Rührens wird die organische Phase abgetrennt und die wässrige nochmals zweimal mit 50 mL DCM extrahiert. Die vereinten organischen Phasen werden über Magnesiumsulfat getrocknet und anschließend das Lösungsmittel im Vakuum abdestilliert. Nach dem Umkristallisieren aus einer heißgesättigten Ethanol-Lösung werden (*R*)- bzw. (*S*)-HPEBA als farblose kristalline Feststoffe erhalten. – Ausbeute: 7.18 g, 22 mmol, 56 % (Gesamtausbeute: 28 %). – ^{1}H-NMR (300 MHz, D_6-DMSO, 17 °C): δ (ppm) = 7.42 - 6.67 (m, 15 H, Ph), 5.16 (br s, 1 H, NC*H*), 4.06 (br s, 1 H, NHC*H*), 1.40 (s, 3 H, NCHC*H*$_3$), 1.20 (s, 3 H, NHCHC*H*$_3$). – ^{13}C{^{1}H}-NMR (75 MHz, D_6-DMSO, 17 °C): δ (ppm) = 156.4 (N*C*N), 148.7 (*i*-Ph), 147.5 (*i*-Ph), 136.2 (*i*-Ph), 128.9 - 126.4 (m, Ph), 57.2 (N*C*H), 50.1 (NH*C*H), 27.3 (NCH*C*H$_3$), 23.6 (NHCH*C*H$_3$). – MS (EI, 70 eV): m/z (%) = 328 ([M]$^+$, 87), 313 ([M-CH$_3$]$^+$, 15), 223 ([M-PhEt]$^+$, 94), 209 (M-PhEtN]$^+$, 27), 180 (42), 120 (PhEtN]$^+$, 100), 105 ([PhEt]$^+$, 100), 91 ([Bz]$^+$, 37), 77 ([Ph]$^+$, 92), 56 (68), 41 ([C_2H_3N]$^+$, 64). – IR (ATR): ν (cm^{-1}) = 3405 (w), 3058 (w), 2954 (w), 2917 (w), 1635 (m), 1484 (m), 1447 (m), 1303 (w), 1265 (w), 1141 (w), 1071 (m), 1027 (w), 762 (s), 699 (s), 543 (s). – $C_{23}H_{23}N_2$ (328.45): berechnet C, 84.11; H, 7.37; N, 8.53; gefunden C, 84.33; H, 7.40; N, 8.47. – $[\alpha]_D^{28}$ = 58.9° (*c* = 0.14, THF) für (*S*)-HPEBA; $[\alpha]_D^{27}$= -53.2° (*c* = 0.17, THF) für (*R*)-HPEBA.

4.2.1.2 N,N'-Bis-((S)-1-phenylethyl)tert-butylamidin ((S)-HPETA)

Unter starkem Rühren werden 10.03 mL (9.82 g, 81 mmol) Pivaloylchlorid zu einer Reaktionsmischung aus 80 mL wässriger Natriumhydroxid-Lösung (10 %) und 10.00 mL (9.40 g, 78 mmol) (*S*)-1-Phenyletyhlamin zugetropft. Es wird für 1 h bei Raumtemperatur gerührt und anschließend filtriert. Der Rückstand wird mehrmals mit Wasser gewaschen und danach im Vakuum getrocknet. Es werden 11.09 g (54 mmol, 70 %) des farblosen (*S*)-*N*-(1-phenylethyl)pivalamid als Feststoff erhalten. – ^{1}H-NMR (300 MHz, D_6-DMSO, 17 °C): δ (ppm) = 7.35 - 7.18 (m, 5 H, Ph), 6.00 (br, 1 H, N*H*), 5.10 (br, 1 H, C*H*), 1.47 (d, ^3J = 6.6 Hz, 3 H, C*H*$_3$), 1.23 (s, 9 H, *t*Bu). – ^{13}C{^{1}H}-NMR (75 MHz, D_6-DMSO, 17 °C): δ (ppm) = 160.2 (*C*O), 148.0 (*i*-Ph), 128.6 (Ph), 127.1 (Ph), 125.7 (Ph), 54.7 (*C*H), 34.0 (*t*Bu-*C*), 29.4 (*t*Bu-*C*H$_3$) , 22.2 (*C*H$_3$).

Dieses wird mit 10.44 mL (9.61 g, 90 mmol) 2,6-Lutidin in 150 mL trockenem Dichlormethan (DCM) gelöst und auf 0 °C gekühlt. Anschließend werden 4.64 mL (6.85 g, 54 mmol)

Oxalylchlorid, gelöst in 50 mL trockenem DCM, zu der Reaktionsmischung langsam innerhalb von einer Stunde hinzu getropft. Die Reaktionsmischung verfärbt sich dabei rotbraun. Es wird für 30 min bei 0 °C gerührt und anschließend auf Raumtemperatur erwärmt und nochmals für 30 min gerührt. Die flüchtigen Bestandteile werden im Vakuum entfernt. Der dunkelbraune Rückstand wird mit 150 mL trockenem *n*-Pentan versetzt und 1 h gerührt. Die Suspension wird filtriert und anschließend vom Filtrat die flüchtigen Bestandteile im Vakuum entfernt. Das erhaltene rotbraune Öl wird im Vakuum destilliert. Bei 64 °C ($1.8\cdot10^{-2}$ mbar) destillieren 5.36 g (24 mmol, 44 %) des farblosen (*S*)-*N*-(1-Phenylethyl)pivalimidoylchlorides über. – ^{1}H-NMR (300 MHz, $CDCl_3$, 17 °C): δ (ppm) = 7.59 - 7.41 (m, 5 H, Ph), 5.12 (q, ^{3}J = 6.7 Hz, 1 H, C*H*), 1.58 (d, ^{3}J = 6.7 Hz, 3 H, C*H*$_3$), 1.45 (s, 9 H, *t*Bu). – ^{13}C{^{1}H}-NMR (75 MHz, $CDCl_3$, 17 °C): δ (ppm) = 147.2 (*C*Cl), 143.6 (*i*-Ph), 128.4 (Ph), 126.9 (Ph), 126.5 (Ph), 62.0 (*C*H), 43.9 (*t*Bu-*C*), 28.3 (*t*Bu-*C*H$_3$), 23.7 (*C*H$_3$).

Dieses wird in 30 mL trockenem Toluol gelöst und anschließend werden 3.09 mL (2.90 g, 24 mmol) (*S*)-1-Phenyletyhlamin zugegeben. Das Reaktionsgemisch wird für 12 h unter Rückfluss erhitzt. Man lässt auf -30 °C abkühlen und dekantiert das Lösungsmittel vom nun hoch viskosen (*S*)-HPETA·HCl-Öl ab. Der ölige Rückstand wird im Vakuum getrocknet und anschließend mit 50 mL *n*-Pentan gewaschen. Der erhaltene Feststoff wird aus einer heißgesättigten Toluol-Lösung umkristallisiert, wobei 4.49 g (13 mmol, 54 %) farbloses (*S*)-HPETA·HCl erhalten wird. Anschließend wird dieses in 50 mL DCM gelöst und mit 50 mL gesättigter Natriumhydrogencarbonat-Lösung versetzt. Nach 1 h starkem Rührens wird die organische Phase abgetrennt und die wässrige nochmals zweimal mit 30 mL DCM extrahiert. Die vereinten organischen Phasen werden über Magnesiumsulfat getrocknet. Nach dem Entfernen des Lösungsmittels im Vakuum wird (*S*)-HPETA als farbloses Öl erhalten. – Ausbeute: 3.90 g, 13 mmol, 97 % (Gesamtausbeute: 16 %). – MS (EI, 70 eV): m/z (%) = 308 ($[M]^+$, 14), 293 ($[M-CH_3]^+$, 2), 203 ($[M-PhEt]^+$, 33), 189 ($[M-PhEtCH_3]^+$, 5), 120 ($[PhEtN]^+$, 86), 105 ($[PhEt]^+$, 100), 77 ($[Ph]^+$, 11), 57 ([*t*Bu]$^+$, 9), 42 ($[C_2H_4N]^+$, 5). – IR (ATR): ν (cm^{-1}) = 3485 (w), 3026 (w), 2962 (m), 2921 (w), 1631 (m), 1602 (w), 1490 (w), 1476 (m), 1447 (m), 1397 (w), 1363 (m), 1251 (w), 1190 (m), 1066 (w), 1025 (m), 755 (s), 697 (s), 543 (m). – $C_{21}H_{28}N_2$ (308.46): berechnet C, 81.77; H, 9.15; N, 9.08; gefunden C, 81.96; H, 8.94; N, 9.22.

(S)-HPETA·HCl:
IR (ATR): ν (cm^{-1}) = 3146 (br), 2967 (w), 2929 (w), 1599 (m), 1492 (m), 1448 (m), 1375 (w), 1293 (w), 1226 (w), 1116 (w), 1077 (w), 1026 (w), 819 (w), 756 (m), 695 (s), 541 (m). –

$C_{21}H_{29}N_2Cl{\cdot}½C_7H_8$ (390.99): berechnet C, 75.26; H, 8.51; N, 7.16; gefunden C, 74.84; H, 8.46; N, 7.19. – $[\alpha]_D^{24}$ = -189.6° (c = 0.18, CH_2Cl_2).

4.2.1.3 Bis-(mesityl)benzamidin (HMBA)

9.00 g (63 mmol) Phosphorpentoxid und 20 mL (15.21 g, 94 mmol) Hexamethyldisiloxan werden in 20 mL Dichlormethan suspendiert und für 30 min unter Rückfluss erhitzt. Anschließend werden die flüchtigen Bestandteile im Vakuum entfernt. Zu dem so erhaltenen Polyphosphorsäure-Trimethylsilylester (PPSE) werden 1.83 g (15 mmol) Benzoesäure und 4.22 mL (4.05 g, 30 mmol) Mesitylamin zugegeben und 8 h bei 160 °C gerührt. Nach dem Abkühlen werden 100 mL 1M NaOH-Lösung und 100 mL DCM zugegeben und für 1 h gerührt. Die organische Phase wird abgetrennt und die wässrige Phase nochmals zweimal mit 50 mL DCM extrahiert. Die vereinten organischen Phasen werden über Magnesiumsulfat getrocknet und anschließend das Lösungsmittel im Vakuum abdestilliert. Das Rohprodukt wird aus einer heißgesättigten Acetonitril-Lösung umkristalisiert um das farblose kristalline HMBA zu erhalten. Ausbeute: 3.09 g, 9 mmol, 57 %. – ^{1}H-NMR (300 MHz, D_6-DMSO, 23 °C): δ (ppm) = 8.09 (s, 1 H, N*H*), 7.31 (s, 5 H, Ph), 6.93 (s, 2 H, *H*-MesNH), 6.57 (s, 2 H, *H*-MesN), 2.37 (s, 6 H, *o*-CH_3-MesN), 2.25 (s, 3 H, *p*-CH_3-MesN), 2.06 (s, 3 H, *p*-CH_3-MesNH), 1.90 (s, 6 H, *o*-CH_3-MesNH). – $^{13}C\{^1H\}$-NMR (75 MHz, D_6-DMSO, 23 °C): δ (ppm) = 154.9 (N*C*N), 146.4 (*i*-Ph), 136.6 - 135.5 (m, Ph), 129.5 - 127.6 (m, Ph), 21.03 (*p*-CH_3-MesN), 20.7 (*p*-CH_3-MesNH), 19.2 (*o*-CH_3-MesN), 18.6 (*o*-CH_3-MesNH). – MS (EI, 70 eV): m/z (%) = 356 ($[M]^+$, 30), 341 ($[M-CH_3]^+$, 10), 222 ($[M\text{-}MesNH]^+$, 100), 207 ($[M\text{-}MesNH\text{-}CH_3]^+$, 10), 178 (5), 119 ($[Mes]^+$, 8), 77 ($[Ph]^+$, 3), 41 (4). – IR (ATR): ν (cm^{-1}) = 3356 (br), 3060 (w), 2913 (w), 2855 (w), 1618 (m), 1599 (m), 1573 (w), 1468 (s), 1365 (m), 1313 (w), 1280 (w), 1242 (w), 1215 (m), 1180 (w), 1151 (w), 1092 (w), 1072 (w), 1029 (m), 1010 (w), 962 (w), 891 (w), 857 (s), 808 (m), 766 (s), 696 (vs), 645 (w), 600 (w), 557 (w). – $C_{25}H_{28}N_2$ (356.50): berechnet C, 84.23; H, 7.92; N, 7.86; gefunden C, 83.83; H, 8.00; N, 8.39.

4.2.1.4 ((S)-1-Phenylethyl)carbodiimid ((S)-PEC)

Zu 4.13 g (69 mmol) Harnstoff gelöst in 50 mL Isoamylalkohol werden 21.3 mL (20.00 g, 165 mmol) (*S*)-1-Phenyletyhlamin zugegeben. Die Reaktionsmischung wird für 12 h unter Rückfluss gekocht. Nach dem Abkühlen auf Raumtemperatur fällt ein farbloser Niederschlag aus. Dieser wird filtriert und über Nacht im Hochvakuum getrocknet. Es werden 17.10 g (64 mmol, 93 %) des farblosen 1,3-Bis((*S*)-1-phenylethyl)harnstoffs erhalten. Dieser wird zusammen mit 20.06 g (76 mmol) Triphenylphosphan in 40 mL trockenem DCM suspendiert. Anschließend werden 6.20 mL (9.80 g, 64 mmol) Tetrachlorkohlenstoff und 8.83 mL (6.45 g, 64 mmol) Triethylamin zugegeben und das Reaktionsgemisch für 8 h unter Rückfluss erhitzt. Dabei färbt sich die Lösung rotbraun. Die flüchtigen Bestandteile werden im Vakuum abgezogen. Der Rückstand wird fünfmal mit je 100 mL *n*-Pentan extrahiert. Nach dem Entfernen des Lösungsmittels wird im Vakuum destilliert. Bei 97 °C ($3.2 \cdot 10^{-2}$ mbar) wird das farblose Produkt als Öl erhalten. – Ausbeute: 9.26 mL, 8.90 g, 36 mmol, 56 % (Gesamtausbeute: 52 %). – ^{1}H-NMR (400 MHz, $CDCl_3$, 25 °C): δ (ppm) = 7.55 – 7.22 (m, 10 H, Ph), 4.65 (q, ^3J = 6.8 Hz, 2 H, C*H*), 1.56 (d, ^3J = 6.8 Hz, 6 H, C*H*$_3$). – ^{13}C{^{1}H}-NMR (101 MHz, $CDCl_3$, 25 °C): δ (ppm) = 143.7 (N*C*N), 140.5 (*i*-Ph), 128.6 (*m*-Ph), 127.4 (*p*-Ph), 126.1 (*o*-Ph), 56.8 (*C*H), 24.7 (*C*H$_3$). – MS (EI, 70 eV): m/z (%) = 250 ([M]$^+$, 19), 235 ([M-CH$_3$]$^+$, 35), 145 ([M-PhEt]$^+$, 3), 131 ([M-PhEtN]$^+$, 15), 105 ([PhEt]$^+$, 100), 91 ([Bz]$^+$, 12), 77 ([Ph]$^+$, 78), 51 ([C$_4$H$_3$]$^+$, 22). – IR (ATR): ν (cm^{-1}) = 3514 (br), 3085 (w), 3062 (w), 3029 (w), 2973 (w), 2926 (w), 2868 (w), 2109 (m), 1950 (w), 1876 (w), 1808 (w), 1752 (w), 1717 (w), 1603 (w), 1493 (w), 1451 (m), 1372 (w), 1341 (w), 1299 (w), 1276 (m), 1203 (w), 1179 (w), 1157 (w), 1067 (m), 1028 (w), 1007 (w), 995 (w), 981 (w), 911 (w), 880 (w), 816 (w), 754 (m), 696 (s), 650 (w), 628 (m), 596 (w), 533 (m). – $C_{21}H_{28}N_2$ (250.34): berechnet C, 81.56; H, 7.25; N, 11.19; gefunden C, 81.49; H, 6.97; N, 11.24. – $[\alpha]_D^{25}$ = 11.1° (*c* = 2.68, CH_2Cl_2).

4.2.2. Darstellung der Lithium- und Kaliumverbindungen

4.2.2.1 *Lithium-N,N'-Bis-((S)-1-phenylethyl)benzamidinat ((S)-LiPEBA)*

1.50 g (4.57 mmol) (*S*)-HPEBA werden in 20 mL THF gelöst. Anschließend werden langsam 3.14 mL (1.6 M in *n*-Hexan, 5.02 mmol) *n*-Butyllithium-Lösung zugetropft. Es wird über Nacht bei RT gerührt. Die Lösung verfärbt sich dabei von hellgelb nach dunkelrot. Anschließend werden die flüchtigen Bestandteile im Vakuum entfernt. Nach dem Waschen mit 20 mL *n*-Pentan und dem Trocknen im Vakuum wird das Produkt als orangener Feststoff erhalten. – Ausbeute: 1.32 g, 3.96 mmol, 87 %. – ^{1}H-NMR (400 MHz, C_6D_6, 25 °C): δ (ppm) = 7.59 - 7.37 (m, 4 H, Ph), 7.34 - 6.98 (m, 11 H, Ph), 4.43 - 4.21 (m, 2 H, C*H*), 1.41 (d, *J* = 6.5 Hz, 6 H, C*H*$_3$). – ^{13}C{^{1}H}-NMR (101 MHz, C_6D_6, 25 °C): δ (ppm) = 176.2 (N*C*N), 151.4 (*i*-Ph) , 139.6 (*i-Ph*), 129.5 (Ph), 128.7 (Ph), 128.3 (Ph), 128.1 (Ph), 127.6 (Ph), 126.8 (Ph), 57.7 (*C*H), 28.0 (*C*H$_3$). – MS (EI,

70 eV): m/z (%) = 341 ([M]$^+$, 100), 328 ([M-Li]$^+$, 95), 223 ([M-LiPhEt]$^+$, 86), 180 ([M-2Ph]$^+$, 35), 120 ([PhEtN]$^+$, 100), 105 ([PhEt]$^+$, 99), 77 ([Ph]$^+$, 86), 42 ([C_2H_4N]$^+$, 28), 27 ([CHN]$^+$, 9). – IR (ATR): ν (cm^{-1}) = 3058 (w), 2953 (w), 2919 (w), 2875 (w), 1635 (m), 1598 (w), 1484 (m), 1447 (m), 1355 (w), 1303 (w), 1265 (w), 1211 (w), 1141 (w), 1070 (w), 1025 (w), 1006 (w), 907 (w), 762 (m), 699 (s), 599 (w), 571 (w), 542 (w).

4.2.2.2 Kalium-N,N'-Bis-((S)-1-phenylethyl)benzamidinat ((S)-KPEBA)

1.36 g (4.13 mmol) (*S*)-HPEBA und 0.20 g (4.95 mmol) KH werden in 20 mL trockenem THF suspendiert und anschließend 3 h unter Rückfluss erhitzt. Die Lösung verfärbt sich dabei pink. Nach dem Abkühlen auf RT wird das überschüssige KH abfiltriert und das Lösungsmittel im Vakuum entfernt. Nach dem Waschen mit 20 mL *n*-Pentan erhält man das gelbe Produkt. Das racemische Produkt kann bei Durchführung der Reaktion in Toluol anstelle von THF synthetisiert werden. Kristalle können durch Überschichten einer Toluol-Lösung mit *n*-Pentan erhalten werden. – Ausbeute: 1.40 g, 3.82 mmol, 93 %. – ^{1}H-NMR (300 MHz, C_6D_6, 17 °C): δ (ppm) = 7.51 - 6.82 (m, 15 H, Ph), 4.22 (br, 2H, C*H*), 1.30 (d, ^3J = 6.3 Hz, 6 H, C*H*$_3$). – ^{13}C{^{1}H}-NMR (75 MHz, C_6D_6, 17 °C): δ (ppm) = 171.8 (N*C*N), 152.0 (*i*-Ph), 141.7 (*i*-Ph), 128.2 (Ph), 127.8 (Ph), 127.6 (Ph), 126.6 (Ph), 126.1 (Ph), 125.1 (Ph), 57.2 (C*H*), 26.3 (C*H*$_3$). – IR (ATR): ν (cm^{-1}) = 3057 (w), 3024 (w), 2974 (w), 2954 (w), 2918 (w), 2877 (w), 1635 (m), 1598 (w), 1482 (m), 1446 (m), 1364 (w), 1304 (w), 1266 (w), 1211 (w), 1141 (w), 1071 (w), 1027 (w), 1005 (w), 883 (w), 762 (m), 698 (s), 600 (w), 571 (w), 543 (m). – $C_{23}H_{23}N_2K{\cdot}C_7H_8$ (458.68): berechnet C, 78.56; H, 6.81; N, 6.11; gefunden C, 78.26; H, 6.68; N, 6.21.

4.2.2.3 Lithium-N,N'-Bis-((S)-1-phenylethyl)tert-butylamidinat ((S)-LiPETA)

Zu einer Lösung aus 2.00 mL (2.08 g, 8.31 mmol) (*S*)-PEC in 25 mL Diethylether werden 4.89 mL (1.7 M in *n*-Pentan , 8.31 mmol) *tert*-Butyllithium-Lösung langsam zugetropft. Die Reaktionsmischung färbt sich tiefrot und wird für 1 h bei RT gerührt. Anschließend werden die flüchtigen Bestandteile im Vakuum entfernt und der Rückstand mit 20 mL *n*-Pentan gewaschen. Nach dem Trocknen im Vakuum wird das Produkt als orangeroter Feststoff erhalten. – Ausbeute: 2.21 g, 7.03 mmol, 85 %. – ^{1}H-NMR (400 MHz, D_8-THF, 25 °C): δ (ppm) = 7.41 - 7.30 (m, 4 H, *m*-Ph), 7.15 - 7.05 (m, 4 H, *o*-Ph), 7.01 - 6.93 (m, 2 H, *p*-Ph), 5.14 (q, ^3J = 6.3 Hz, 2 H, C*H*), 1.25 (d, ^3J = 6.3 Hz, 6 H, C*H*$_3$), 1.17 (s, 9 H, *t*Bu). – ^{13}C{^{1}H}-NMR (101 MHz, D_8-THF, 25 °C): δ (ppm) = 167.2 (N*C*N), 154.1 (*i*-Ph), 128.2 (*m*-Ph), 128.0 (*o*-Ph), 125.3 (*p*-Ph), 56.3 (*C*H), 39.3 (*t*Bu*C*), 31.1 (*t*Bu*C*H$_3$), 26.7 (*C*H$_3$). – MS (EI, 70 eV): m/z (%) = 308 ([M-Li]$^+$,

86), 293 ([M-LiCH$_3$]$^+$, 58), 257 ([M-*t*Bu]$^+$, 1), 251 ([M-Li*t*Bu]$^+$, 8), 203 ([M-LiPhEt]$^+$, 93), 189 ([M-PhEtCH$_3$]$^+$, 71), 147 ([M-LiPhEt-*t*Bu]$^+$, 71), 120 ([PhEtN]$^+$, 99), 105 ([PhEt]$^+$, 100), 91 ([Bz]$^+$, 78), 77 ([Ph]$^+$, 72), 57 ([*t*Bu]$^+$, 85), 42 ([C$_2$H$_4$N]$^+$, 99). – IR (ATR): ν (cm^{-1}) = 3060 (w), 3025 (w), 2962 (w), 2923 (w), 2868 (w), 1631 (m), 1481 (m), 1445 (m), 1400 (w), 1365 (w), 1255 (w), 1197 (w), 1066 (w), 1019 (m), 910 (w), 876 (w), 799 (w), 756 (m), 697 (s), 598 (w), 539 (w).

4.2.3. Darstellung der Monoamidinat-Lanthanoid-Komplexe

4.2.3.1 Allgemeine Synthesevorschrift für [(PEBA)LnCl$_2$(THF)$_n$]

Auf 0.71 mmol LnCl$_3$ und 237 mg (0.65 mmol) KPEBA werden 10 mL THF kondensiert. Das Reaktionsgemisch wird über Nacht bei RT gerührt. Es entsteht ein sehr feiner Niederschlag. Nach dem sich der Niederschlag abgesetzt hat wird filtriert und die flüchtigen Bestandteile im Vakuum entfernt. Anschließend wird mit 5 ml *n*-Pentan gewaschen. Kristalle können durch Überschichten einer THF-Lösung mit *n*-Pentan erhalten werden.

*4.2.3.2 [{(S)-PEBA}LuCl$_2$(THF)$_2$] (**1**)*

LuCl$_3$ (200 mg, 0.71 mmol). – Ausbeute: 115 mg, 0.16 mmol, 31 % gelbe Kristalle. – ^{1}H-NMR (300 MHz, D$_8$-THF, 17 °C): δ (ppm) = 7.58 - 6.76 (m, 15 H, Ph), 4.18 – 4.00 (m, 2 H, C*H*), 1.48 - 1.32 (m, 6H, C*H*$_3$). – ^{13}C{^{1}H}-NMR (75 MHz, D$_8$-THF, 17 °C): δ (ppm) = 177.9 (N*C*N), 148.2 (*i*-Ph), 147.3 (*i*-Ph), 128.4 (Ph), 127.7 (Ph), 127.6 (Ph), 126.8 (Ph), 125.9 (Ph), 125.5 (Ph), 57.0 (C*H*), 25.4 (C*H*$_3$). – IR (ATR): ν (cm^{-1}) = 3059 (w), 3028 (w), 2956 (w), 2922 (w), 2855 (w), 1633 (m), 1576 (w), 1576 (w), 1488 (w), 1446 (m), 1415 (w), 1353 (w), 1305 (w), 1273 (w), 1209 (w), 1137 (w), 1074 (w), 1024 (w), 912 (w), 798 (w), 761 (m), 697 (s), 542 (m). – $C_{23}H_{23}N_2Cl_2Lu\cdot 2C_4H_8O$ (717.53): berechnet C, 51.89; H, 5.48; N, 3.90; gefunden C, 51.91; H, 5.17; N, 3.78.

*4.2.3.3 [{(S)-PEBA}YbCl$_2$(THF)$_2$] (**2**)*

YbCl$_3$ (199 mg, 0.71 mmol). – Ausbeute: 134 mg, 0.24 mmol, 36 % orange Kristalle. – IR (ATR): ν (cm^{-1}) = 3059 (w), 3027 (w), 2970 (w), 2926 (w), 2868 (w), 1625 (m), 1575 (w), 1492 (w), 1448 (w), 1381 (w), 1351 (w), 1308 (w), 1276 (w), 1206 (w), 1134 (w), 1082 (w), 1026 (w), 914 (w),760 (m), 697 (s), 572 (w), 541 (m). – $C_{23}H_{23}N_2Cl_2Yb\cdot 2C_4H_8O$ (715.61): berechnet C, 52.03; H, 5.49; N, 3.91; gefunden C, 51.22; H, 5.40; N, 3.68.

*4.2.3.4 [(PEBA)SmCl$_2$(THF)$_3$] (**3**)*

3 wurde mit racemischem KPEBA synthetisiert. Dieses wird in 5 mL THF gelöst und langsam zur $SmCl_3$-Lösung in 10 mL THF zugetropft.

$SmCl_3$ (183 mg, 0.71 mmol). – Ausbeute: 98 mg, 0.18 mmol, 28 % gelbe Kristalle. – IR (ATR): ν (cm^{-1}) = 3056 (w), 3025 (w), 2921 (w), 2874 (w), 1631 (m), 1576 (w), 1490 (m), 1448 (m), 1380 (w), 1347 (w), 1305 (w), 1271 (w), 1207 (w), 1138 (w), 1070 (w), 1027 (w), 913 (w), 878 (w), 761 (m), 698 (s), 624 (w), 604 (w), 572 (w), 542 (m). – $C_{23}H_{23}N_2Cl_2Sm\cdot½C_4H_8O$ (584.76): berechnet C, 51.35; H, 4.65; N, 4.79; gefunden C, 51.19; H, 5.26; N, 3.86.

4.2.4. Darstellung des Trisamidinat-Lanthanoid-Komplexes

*4.2.4.1 [{(S)-PEBA}$_3$Sm] (**4**)*

Auf 200 mg (0.37 mmol) [Sm(BDSA)$_3$(THF)$_2$] und 360 mg (1.10 mmol) (*S*)-HPEBA werden 10 mL THF kondensiert. Das Reaktionsgemisch wird bei RT über Nacht gerührt und anschließend die flüchtigen Bestandteile im Vakuum entfernt. Anschließend wird mit 5 mL *n*-Pentan gewaschen. Kristallisation aus einer heißgesättigten THF-Lösung ergibt das Produkt in Form von gelben Kristallen. – Ausbeute: 200 mg, 0.18 mmol, 48 %. – MS (EI, 70 eV): m/z (%) = 1134 ([M]$^+$, 1), 806 ([M-PEBA]$^+$, 67), 702 (9), 479 (23), 328 ([PEBA]$^+$, 89), 223 ([PEBA-PhEt]$^+$, 72), 120 (PhEtN]$^+$, 100), 105 ([PhEt]$^+$, 98), 91 ([Bz]$^+$, 82), 77 ([Ph]$^+$, 76), 41 ([C_2H_3N]$^+$, 19), 27 ([CHN]$^+$, 7). – IR (ATR): ν (cm^{-1}) = 3058 (w), 3025 (w), 2956 (w), 2921 (w), 2876 (w), 1635 (m), 1599 (w), 1485 (m), 1447 (m), 1352 (w), 1303 (w), 1265 (w), 1210 (w), 1140 (w), 1070 (w), 1025 (w), 908 (w), 797 (w), 763 (m), 699 (s), 599 (w), 572 (w), 542 (m). – $C_{69}H_{69}N_6Sm\cdot C_4H_8O$ (1204.79): berechnet C, 72.77; H, 6.44; N, 6.98; gefunden C, 72.42; H, 6.46; N, 6.72.

4.2.5. Darstellung der Bisamidinat-Lanthanoid-Komplexe

4.2.5.1 Allgemeine Synthesevorschrift für [(PEBA)$_2$LnCl]$_2$

Auf 0.55 mmol $LnCl_3$ und 400 mg (1.09 mmol) (*S*)-KPEBA werden 10 mL THF kondensiert. Das Reaktionsgemisch wird über Nacht bei Raumtemperatur gerührt. Es entsteht ein farbloser Niederschlag. Nachdem sich der Niederschlag abgesetzt hat, wird filtriert und das Lösungsmittel im Vakuum entfernt. Nach dem Waschen mit *n*-Pentan, wird aus einem geeigneten Lösungsmittel oder Lösungsmittelgemisch umkristallisiert.

4.2.5.2 [{(S)-PEBA}$_2$LuCl]$_2$ (**5**)

$LuCl_3$ (154 mg, 0.55 mmol). – Ausbeute: 115 mg, 0.13 mmol, 31 % gelbe Kristalle aus einer mit *n*-Pentan überschichteten Toluol-Lösung. – ^{1}H-NMR (300 MHz, D_8-THF, 23 °C): δ (ppm) = 7.47 - 6.77 (m, 30 H, Ph), 4.15 (q, ^3J = 6.6 Hz, 4 H C*H*), 1.44 (d, ^3J = 6.6 Hz, 12 H, CH_3). – ^{13}C{^{1}H}-NMR (75 MHz, D_8-THF, 23 °C): δ (ppm) = 180.3 (N*C*N), 149.3 (*i*-Ph), 136.1 (*i*-Ph), 129.0 (Ph), 128.9 (Ph), 128.8 (Ph), 127.9 (Ph), 126.7 (Ph), 126.2 (Ph), 58.3 (*C*H), 26.6 (*C*H_3). – MS (EI, 70 eV): m/z (%) = 864 ([M]$^+$, 1), 849 ([M-Me]$^+$, 13), 829 ([M-Cl]$^+$, 57), 759 (16), 703 (9) 537 (9), 501 (7), 417 (6), 328 ([PEBA]$^+$, 68), 223 ([PEBA-PhEt]$^+$, 56), 180 (18), 120 (PhEtN]$^+$, 100), 105 ([PhEt]$^+$, 100), 91 ([Bz]$^+$, 17), 77 ([Ph]$^+$, 42), 57 (12), 42 ([C_2H_4N]$^+$, 13), 27 ([CHN]$^+$, 4). – IR (ATR): ν (cm^{-1}) = 3058 (w), 3023 (w), 2963 (m), 2923 (w), 1629 (w), 1488 (w), 1447 (w), 1406 (m), 1366 (m), 1299 (m), 1184 (m), 1154 (w), 1067 (w), 1021 (w), 970 (w), 908 (w), 750 (m), 696 (s), 696 (w), 616 (w), 588 (w), 532 (w). – $C_{46}H_{46}N_4ClLu \cdot ½C_7H_8$ (957.44): berechnet C, 65.23; H, 5.53; N, 6.15; gefunden C, 65.10; H, 5.57; N, 5.63.

4.2.5.3 [{(S)-PEBA}$_2$YbCl]$_2$ (**6**)

$YbCl_3$ (152 mg, 0.55 mmol). – Ausbeute: 115 mg, 0.13 mmol, 24 % orange, würfelförmige Kristalle aus einer heißgesättigten Toluol-Lösung. – MS (EI, 70 eV): m/z (%) = 863 ([M]$^+$, 4), 848 ([M-Me]$^+$, 20), 827 ([M-Cl]$^+$, 66), 710 (9) 537 (44), 501 (16), 417 (10), 387 (51), 328 ([PEBA]$^+$, 89), 223 ([PEBA-PhEt]$^+$, 94), 180 (51), 120 (PhEtN]$^+$, 100), 105 ([PhEt]$^+$, 95), 91 ([Bz]$^+$, 45), 77 ([Ph]$^+$, 82), 51 (18), 42 ([C_2H_4N]$^+$, 30), 27 ([CHN]$^+$, 9). – IR (ATR): ν (cm^{-1}) = 3057 (w), 3025 (w), 2959 (w), 2923 (w), 2871 (w), 1633 (m), 1486 (m), 1445 (m), 1353 (w), 1303 (w), 1269 (w), 1209 (w), 1138 (w), 1072 (w), 1021 (w), 912 (w), 761 (m), 697 (s), 572, 541 (m). – $C_{46}H_{46}N_4ClYb \cdot C_7H_8$ (955.53): berechnet C, 66.62; H, 5.70; N, 5.86; gefunden C, 66.98; H, 5.56; N, 5.29.

4.2.5.4 [(PEBA)$_2$ErCl]$_2$ (**7**)

7 wurde mit racemischen KPEBA synthetisiert.

$ErCl_3$ (149 mg, 0.55 mmol). – Ausbeute: 47 mg, 0.06 mmol, 10 % orange Kristalle aus einer mit *n*-Pentan überschichteten Toluol-Lösung. – IR (ATR): ν (cm^{-1}) = 3056 (w), 3026 (w), 2974 (w), 2920 (w), 2875 (w), 1632 (m), 1576 (w), 1486 (m), 1447 (m), 1355 (w), 1303 (w), 1266 (w), 1208 (w), 1138 (w), 1072 (w), 1021 (w), 923 (w), 761 (m), 698 (s), 572 (w), 542 (m). –

$C_{46}H_{46}N_4ClEr{\cdot}C_7H_8$ (949.73): berechnet C, 67.03; H, 5.73; N, 5.90; gefunden C, 67.20; H, 5.91; N, 5.83.

*4.2.5.5 [{(S)-PEBA}$_2$SmCl]$_2$ (**8**)*

Das (*S*)-KPEBA wird in zwei Etappen zugegeben. Zunächst werden 200 mg (0.55 mmol) (*S*)-KPEBA gelöst in 5 mL THF zu einer $SmCl_3$-Lösung (5 mL THF) langsam zugetropft und über Nacht gerührt. Anschließend wird die andere Hälfte des (*S*)-KPEPA in 5 mL THF gelöst und langsam zugetropft.

$SmCl_3$ (140 mg, 0.55 mmol). – Ausbeute: 182 mg, 0.22 mmol, 40 % gelbe Kristalle aus *n*-Pentan überschichteter THF-Lösung. – MS (EI, 70 eV): m/z (%) = 826 ($[M\text{-}Me]^+$, 4), 806 ($[M\text{-}Cl]^+$, 29), 702 (4), 515 (24), 479 (11), 404 (6), 328 ($[PEBA]^+$, 100), 223 ($[PEBA\text{-}PhEt]^+$, 100), 180 (100), 120 ($(PhEtN]^+$, 100), 105 ($[PhEt]^+$, 100), 91 ($[Bz]^+$, 98), 77 ($[Ph]^+$, 100), 57 (49), 42 ($[C_2H_4N]^+$, 80), 27 ($[CHN]^+$, 22). – IR (ATR): ν (cm^{-1}) = 3027 (w), 2955 (w), 2920 (w), 1633 (m), 1577 (w), 1487 (m), 1446 (m), 1407 (w), 1349 (w), 1305 (w), 1268 (w), 1208 (w), 1138 (w), 1073 (w), 1025 (w), 910 (w), 760 (m), 697 (s), 600 (w), 572 (w), 541 (m). – $C_{46}H_{46}N_4ClSm$ (840.70): berechnet C, 65.72; H, 5.52; N, 6.66; gefunden C, 65.13; H, 5.56; N, 6.07.

*4.2.5.6 [{(S)-PETA}$_2$LuCl]$_2$ (**9**)*

Auf 179 mg (0.64 mmol) $LuCl_3$ und 400 mg (1.27 mmol) (*S*)-LiPETA werden 10 mL THF kondensiert und über Nacht bei Raumtemperatur gerührt. Die flüchtigen Bestandteile werden im Vakuum entfernt und der Rückstand in 10 mL Toluol gelöst. Nach 1 h Rühren bei 100 °C wird filtriert und das Lösungsmittel im Vakuum abdestilliert. Der Rückstand wird mit 10 mL *n*-Pentan gewaschen. Orange Kristalle können aus einer heißgesättigten Toluol-Lösung erhalten werden. – Ausbeute 202 mg, 0.25 mmol, 39 %. – ^1H-NMR (300 MHz, D_8-THF, 60 °C): δ (ppm) = 7.78 – 7.56 (m, 8 H, *o*-Ph), 7.16 – 6.91 (m, 12 H, *m,p*-Ph), 5.26 (q, ^3J = 6.7 Hz, 4 H, C*H*), 1.69 (d, ^3J = 6.7 Hz, 12 H, CH_3), 1.18 (s, 18 H, *t*Bu). – $^{13}C\{^1H\}$-NMR (75 MHz, D_8-THF, 60 °C): δ (ppm) = 181.4 (N*C*N), 150.0 (*i*-Ph), 127.3 (*m*-Ph), 127.2 (*o*-Ph), 124.6 (*p*-Ph), 55.9 (*C*H), 40.8 (*t*Bu-*C*), 30.9 (*t*Bu-CH_3), 27.0 (CH_3). – MS (EI, 70 eV): m/z (%) = 785 ($[M\text{-}Cl]^+$, 80), 718 ($[(PETA)\text{-}PhEt]^+$, 80), 516 ($[M\text{-}(PETA)]^+$, 85), 481 ($[(PETA)Lu]^+$, 2), 308 ($[PETA]^+$, 2), 293 ($[PETA\text{-}CH_3]^+$, 100), 203 ($[(PETA)\text{-}PhEt]^+$, 10), 120 ($[PhEtN]^+$, 53), 105 ($[PhEt]^+$, 100), 91 ($[Bz]^+$, 7), 77 ($[Ph]^+$, 21), 57 ($[tBu]^+$, 30). – IR (ATR): ν (cm^{-1}) = 3059 (w), 3025 (w), 2963 (w), 2922 (w), 2869 (w), 1629 (m), 1551 (w), 1489 (m), 1447 (m), 1401 (w), 1365 (w), 1326 (w), 1298 (w),

1253 (w), 1187 (w), 1152 (w), 1068 (w), 1022 (w), 909 (w), 754 (m), 696 (s), 616 (w), 544 (w). – $C_{42}H_{54}N_4ClLu$ (825.32): berechnet C, 61.12; H, 6.59; N, 6.79; gefunden C, 61.51; H, 6.52; N, 6.54.

*4.2.5.7 [((S)-PETA)$_2$Sm(μ-Cl)$_2$Li(THF)$_2$] (**10**)*

Auf 163 mg (0.64 mmol) $SmCl_3$ und 400 mg (1.27 mmol) (*S*)-LiPETA werden 10 ml THF kondensiert und über Nacht bei Raumtemperatur gerührt. Die flüchtigen Bestandteile werden im Vakuum entfernt und der Rückstand in 10 mL Toluol gelöst. Nach dem Filtrieren wird das Lösungsmittel im Vakuum destilliert. Der Rückstand wird mit 10 mL *n*-Pentan gewaschen. Orange, würfelförmige Kristalle können aus einer mit *n*-Pentan überschichteten THF-Lösung erhalten werden. – Ausbeute 148 mg, 0.15 mmol, 24 %. – MS (EI, 70 eV): m/z (%) = 843 ($[M]^+$, 1), 766 ($[M\text{-}LiCl_2]^+$, 15), 709 ([M-LiCl$_2$-*t*Bu]$^+$, 23), 496 ([(PETA)SmCl]$^+$, 20), 308 ([PETA]$^+$, 100), 293 ($[PETA\text{-}CH_3]^+$, 100), 251 ([PETA-*t*Bu]$^+$, 65), 203 ([(PETA)-PhEt]$^+$, 100), 189 ($[(PETA)\text{-}PhEtCH_3]^+$, 100), 147 ([(PETA)-PhEt-*t*Bu]$^+$, 100), 120 ([PhEtN]$^+$, 100), 105 ([PhEt]$^+$, 100), 91 ([Bz]$^+$, 100), 77 ([Ph]$^+$, 100), 57 ([*t*Bu]$^+$, 100). – IR (ATR): ν (cm^{-1}) = 3058 (w), 3024 (w), 2963 (w), 2922 (w), 2871 (w), 1625 (m), 1551 (w), 1489 (m), 1447 (m), 1398 (w), 1364 (w), 1301 (w), 1275 (w), 1252 (w), 1185 (w), 1147 (w), 1068 (w), 1044 (w), 1024 (w), 908 (w), 845 (w), 755 (m), 697 (s), 665 (w), 611 (w), 586 (w), 545 (w). – $C_{50}H_{70}LiN_4O_2Cl_2Sm$ (987.32): berechnet C, 60.82; H, 7.15; N, 5.67; gefunden C, 60.37; H, 7.09; N, 5.57.

*4.2.5.8 [((S)-PEBA)$_2$Lu(BTSA)] (**11**)*

Auf 250 mg (0.38 mmol) $[Lu(BTSA)_3]$ und 250 mg (0.76 mmol) (*S*)-HPEBA werden 10 mL Toluol kondensiert und das Reaktionsgemisch über Nacht bei 100 °C gerührt. Nachdem Abkühlen auf RT werden die flüchtigen Bestandteile im Vakuum entfernt. Anschließend wird 10 mL *n*-Pentan aufkondensiert und nach 1 h Rühren bei RT wieder im Vakuum entfernt. Farblose Kristalle können durch Umkristallisation aus einer heißgesättigten *n*-Heptan-Lösung erhalten werden. Ausbeute: 111 mg, 0.11 mmol, 29 %. – ^{1}H-NMR (300 MHz, C_6D_6, 25 °C): δ (ppm) = 7.28 - 6.82 (m, 30 H, Ph), 4.29 (br, 4 H, C*H*), 1.53 (d, ^3J = 6.8 Hz, 12 H, C*H*$_3$), 0.66 (s, 18 H, SiC*H*$_3$). – ^{29}Si{^{1}H}-NMR (60 MHz, C_6D_6, 25 °C): δ (ppm) = -9.3. – MS (EI, 70 eV): m/z (%) = 989 ($[M]^+$, 1), 974 ($[M\text{-}Me]^+$, 34), 854 (11), 828 ($[M\text{-}BTSA]^+$, 16), 723 ($[M\text{-}BTSA\text{-}PhEt]^+$, 21) 662 ($[M\text{-}PEBA]^+$, 63), 579 (31), 480 (17), 380 (23), 328 ($[PEBA]^+$, 87), 223 ($[PEBA\text{-}PhEt]^+$, 68), 180 (77), 146 ($[BTSA]^+$, 98), 120 ($[PhEtN]^+$, 96), 105 ($[PhEt]^+$, 100), 91 ($[Bz]^+$, 74), 77 ($[Ph]^+$, 90), 42

($[C_2H_4N]^+$, 100). – IR (ATR): ν (cm^{-1}) = 3057 (w), 3023 (w), 2973 (w), 2954 (w), 2919 (w), 2919 (w), 2877 (w), 2857 (w), 1636 (m), 1598 (w), 1578 (w), 1483 (m), 1448 (m), 1360 (w), 1306 (w), 1266 (w), 1212 (w), 1142 (w), 1072 (w), 1027 (w), 1006 (w), 969 (w), 929 (w), 829 (w), 762 (m), 698 (s), 601 (w), 572 (w), 544 (m). – $C_{52}H_{64}N_5Si_2Lu{\cdot}1½C_7H_8$ (1128.45): berechnet C, 66.52; H, 6.79; N, 6.21; gefunden C, 66.61; H, 6.46; N, 6.25.

4.2.6. Darstellung der Amidinat-Zink-Komplexe

*4.2.6.1 [(S)-(PEBA)$_2$(μ-(S)-PEBA)Zn$_2$(μ-OH)] (**12**)*

Da die Synthese auf rationalem Weg bis jetzt noch nicht funktioniert hat, wird eine typische Syntheseroute vorgestellt, bei der **12** erhalten wird.

Zu 300 mg (0.91 mmol) (*S*)-HPEBA, gelöst in 10 mL Toluol, werden 0.38 mL (1.2 M in Toluol, 0.46 mmol) einer Dimethylzink-Lösung langsam zugetropft. Das Reaktionsgemisch wird über Nacht bei RT gerührt. Anschließend werden die flüchtigen Bestandteile im Vakuum entfernt. Es werden 10 mL *n*-Pentan zugegeben und für 1 h gerührt. Nach dem Abdestillieren des Lösungsmittels im Vakuum wird ein farbloser Feststoff erhalten. Umkristallisation erfolgt aus einer mit *n*-Pentan überschichteten THF-Lösung. Es wird ein Kristall/Pulver-Gemisch erhalten, wobei **12** in Form von farblosen Kristallen vorliegt. – Ausbeute: 50 mg, 0.07 mmol, 15 %. – ^{1}H-NMR (300 MHz, C_6D_6, 17 °C): δ (ppm) = 7.56 - 6.34 (m, 45 H, Ph), 4.68 - 4.50 (m, 2 H, C*H*), 4.49 - 4.26 (m, 4 H, C*H*), 1.98 - 1.45 (m, 18 H, C*H*$_3$). – ^{13}C{^{1}H}-NMR (75 MHz, C_6D_6, 17 °C): δ (ppm) = 175.9 (N*C*N), 148.5 (*i*-Ph), 146.8 (*i*-Ph), 146.6 (*i*-Ph), 138.3 (*i*-Ph), 135.4 - 133.9 (Ph), 128.3 - 126.3 (Ph), 58.3 (*C*H), 55.0 (*C*H), 27.4 (*C*H$_3$), 23.9 (*C*H$_3$). – IR (ATR): ν (cm^{-1}) = 3406 (w), 3058 (w), 3024 (w), 2957 (w), 2920 (w), 1636 (m), 1598 (w), 1476 (m), 1445 (w), 1347 (w), 1304 (w), 1265 (w), 1070 (m), 912 (w), 795 (w), 763 (m), 699 (s), 543 (m). – $C_{69}H_{70}N_6OZn{\cdot}C_4H_8O$ (1202.20): berechnet C, 72.93; H, 6.54; N, 6.99; gefunden C, 73.09; H, 6.61; N, 6.95.

*4.2.6.2 [(S)-(PEBA)$_2$(μ-(S)-PEBA)Zn$_2$(μ-Cl)] (**13**)*

Auf 98 mg (0.72 mmol) Zinkchlorid und 250 mg (0.68 mmol) (*S*)-KPEBA werden 10 mL Diethylether kondensiert und über Nacht bei RT gerührt. Anschließend wird filtriert und das Lösungsmittel im Vakuum abdestilliert. Es wird mit 5 mL *n*-Pentan gewaschen. Farblose

Kristalle können aus einer mit *n*-Pentan überschichteten Diethylether-Lösung erhalten werden. – Ausbeute: 86 mg, 0.08 mmol, 22 %. – ^{1}H-NMR (300 MHz, C_6D_6, 17 °C): δ (ppm) = 7.41 - 6.78 (m, 45 H, Ph), 4.44 (q, ^3J = 6.6 Hz, 4 H, C*H*), 4.27 (br, 2 H, C*H*), 1.49 (d, ^3J = 6.6 Hz, 18 H, CH_3). – ^{13}C{^{1}H}-NMR (75 MHz, C_6D_6, 17 °C): δ (ppm) = 175.9 (N*C*N), 148.5 (*i*-Ph), 146.7 (*i*-Ph), 133.9 (Ph), 128.3 (Ph), 128.1 (Ph), 128.1 (Ph), 127.4 (Ph), 127.0 (Ph), 126.8 (Ph), 126.5 (Ph), 126.3 (Ph), 126.0 (Ph), 55.0 (*C*H), 27.4 (*C*H_3). – IR (ATR): ν (cm^{-1}) = 3057 (w), 3025 (w), 2967 (w), 2921 (w), 2866 (w), 1636 (m), 1614 (w), 1596 (m), 1477 (m), 1445 (m), 1376 (w), 1349 (w), 1302 (w), 1266 (w), 1210 (w), 1140 (w), 1071 (w), 1025 (w), 908 (w), 758 (m), 697 (s), 543 (m). – $C_{69}H_{69}N_6ClZn$ (1148.54): berechnet C, 72.15; H, 6.06; N, 7.32; gefunden C, 72.49; H, 6.28; N, 6.93.

*4.2.6.3 [(MBA)$_2$Zn] (**14**)*

Zu 310 mg (0.87 mmol) HMBA, gelöst in 10 mL Toluol, werden 0.36 mL (1.2 M in Toluol, 0.44 mmol) einer Dimethylzinklösung langsam zugetropft. Das Reaktionsgemisch wird über Nacht bei RT gerührt. Anschließend wird die Lösung im Vakuum eingeengt und bei -30 °C über Nacht gelagert. Es werden farblose Kristalle von **14** erhalten. – Ausbeute: 199 mg, 0.26 mmol, 59 %. – ^{1}H-NMR (300 MHz, C_6D_6, 17 °C): δ (ppm) = 7.28 - 6.85 (m, 10 H, Ph), 6.71 (s, 8 H, Mes), 2.24 (s, 24 H, *o*-CH_3), 2.07 (s, 12 H, *p*-CH_3). – ^{13}C{^{1}H}-NMR (75 MHz, C_6D_6, 17 °C): δ (ppm) = 172.6 (N*C*N), 141.8 (*i*-Ph), 132.7 (*i*-Ph), 132.4 (*o*-Ph-*C*-Me), 132.3 (*p*-Ph-*C*-Me), 128.9 - 127.4 (m, Ph), 20.6 (*o*-CH_3), 18.9 (*p*-CH_3). – MS (EI, 70 eV): m/z (%) = 774 ([M]$^+$, 34), 759 ([M-CH$_3$]$^+$, 66), 640 ([M-Mes-CH$_3$]$^+$, 6), 553 (23), 356 ([MBA]$^+$, 78), 341 ([MBA-CH$_3$]$^+$, 77), 222 ([M-MesNH]$^+$, 100), 207 ([M-MesNH-CH$_3$]$^+$, 86), 178 (18), 119 ([Mes]$^+$, 70), 91 ([Bz]$^+$, 76), 77 ([Ph]$^+$, 53), 41 (4) . – IR (ATR): ν (cm^{-1}) = 3060 (w), 2914 (m), 2856 (w), 1599 (m), 1573 (w), 1468 (m), 1365 (m), 1215 (m), 1151 (w), 1092 (w), 1029 (m), 891 (w), 857 (m), 808 (m), 766 (m), 696 (s), 557 (w). – $C_{50}H_{54}N_4Zn \cdot ½C_7H_8$ (868.51): berechnet C, 78.13; H, 7.11; N, 6.81; gefunden C, 78.13; H, 7.60; N, 6.82.

4.2.7. Darstellung der Amidinat-Rhenium-Komplexe

*4.2.7.1 [(MBA)ReO$_3$] (**15**)*

300 mg (0.62 mmol) Re_2O_7 werden in 10 mL THF gelöst und auf -78 °C abgekühlt. Anschließend werden 240 mg (0.31 mmol) [(MBA)$_2$Zn] (**14**), gelöst in 10 mL THF, langsam

zugetropft. Es entsteht eine tiefgelbe Lösung. Das Reaktionsgemisch wird danach innerhalb von 2 h auf RT erwärmt und das Lösungsmittel im Vakuum abdestilliert. Der Rückstand wird mit 10 mL *n*-Pentan extrahiert und anschließend bei -30 °C über Nacht gelagert. Es werden gelbe Kristalle von **15** erhalten. – Ausbeute: 23 mg, 0.04 mmol, 13 %. – ^{1}H-NMR (300 MHz, C_6D_6, 17 °C): δ (ppm) = 7.31 - 6.93 (m, 5 H, Ph), 6.83 (s, 4 H, Mes), 2.20 (s, 12 H, *o*-CH_3), 2.09 (s, 6 H, *p*-CH_3). – $^{13}C\{^1H\}$-NMR (75 MHz, C_6D_6, 17 °C): δ (ppm) = 176.4 (NCN), 142.7 (*i*-Ph), 133.1 (*i*-Ph), 132.7 (*o*-Ph-*C*-Me), 132.4 (*p*-Ph-*C*-Me), 129.0 - 127.6 (m, Ph), 21.3 (*o*-CH_3), 18.7 (*p*-CH_3). – MS (EI, 70 eV): m/z (%) = 590 ($[M]^+$, 4), 575 ($[M\text{-}CH_3]^+$, 56), 471 ($[M\text{-}Mes\text{-}CH_3]^+$, 5), 356 ($[MBA]^+$, 85), 341 ($[MBA\text{-}CH_3]^+$, 73), 222 ($[M\text{-}MesNH]^+$, 100), 207 ($[M\text{-}MesNH\text{-}CH_3]^+$, 81), 178 (18), 119 ($[Mes]^+$, 81), 91 ($[Bz]^+$, 74), 77 ($[Ph]^+$, 55), 41 (3). – IR (ATR): ν (cm^{-1}) = 2962 (w), 2909 (w), 1561 (w), 1480 (w), 1445 (w), 1381 (w), 1259 (m), 1086 (m), 1015 (m), 961 (w), 922 (m), 860 (m), 794 (s), 688 (m), 524 (w).

4.2.7.2 [(S)-PEBA)ReO_3] (**16**)

Zu 407 mg (1.24 mmol) (*S*)-HPEBA, gelöst in 10 mL THF, werden 0.52 mL (1.2 M in Toluol, 0.62 mmol) einer Dimethylzink-Lösung langsam zugetropft. Das Reaktionsgemisch wird für 3 h bei RT gerührt. Anschließend wird es zu 300 mg (0.62 mmol) Re_2O_7, gelöst in 10 mL THF, bei -78 °C langsam zugetropft. Es entsteht eine tiefgelbe Lösung. Das Reaktionsgemisch wird danach innerhalb von 2 h auf RT erwärmt und das Lösungsmittel im Vakuum destilliert. Der Rückstand wird mit 10 mL *n*-Heptan extrahiert und anschließend bei -30 °C über Nacht gelagert. Es werden gelbe Kristalle von **16** erhalten. – Ausbeute: 54 mg, 0.10 mmol, 16 %. – ^{1}H-NMR (300 MHz, C_6D_6, 17 °C): δ (ppm) = 7.27 - 6.93 (m, 15 H, Ph), 4.62 (q, ^3J = 6.9 Hz, 2 H, C*H*), 1.55 (d, ^3J = 6.9 Hz, 6 H, C*H*$_3$). – $^{13}C\{^1H\}$-NMR (75 MHz, C_6D_6, 17 °C): δ (ppm) = 144.1 (*i*-Ph), 130.5 (Ph), 128.5 (Ph), 127.6 (Ph), 126.9 (Ph), 126.5 (Ph), 126.3 (Ph), 58.1 (C*H*), 23.8 (C*H*$_3$). – MS (EI, 70 eV): m/z (%) = 562 ($[M]^+$, 7), 547 ($[M\text{-}CH_3]^+$, 64), 457 ($[M\text{-}PhEt]^+$, 6), 442 ($[M\text{-}PhEt\text{-}Me]^+$, 45), 352 ($[M\text{-}2PhEt]^+$, 53), 327 ($[PEBA]^+$, 85), 223 ($[PEBA\text{-}PhEt]^+$, 88), 120 ($(PhEtN]^+$, 93), 105 ($[PhEt]^+$, 100), 91 ($[Bz]^+$, 71), 77 ($[Ph]^+$, 81), 42 ($[C_2H_4N]^+$, 73). – IR (ATR): ν ($cm^{-1}$) = 3219 (w), 3059 (w), 2963 (w), 1624 (m), 1576 (w), 1493 (w), 1448 (m), 1377 (w), 1347 (w), 1309 (w), 1260 (m), 1202 (w), 1081 (m), 1017 (m), 960 (w), 920 (w), 889 (s), 796 (m), 759 (m), 696 (s), 541 (m).

4.2.8. Darstellung der $[((^{R}ArO)_3tacn)Ln]$-Verbindungen

4.2.8.1 Allgemeine Synthesevorschrift für $[\{(^{tBu}ArO)_3tacn\}Ln]$

Auf 0.21 mmol $[Ln(R)_3(THF)_n]$ (R = BDSA (n = 2), BTSA (n = 0)) und 165 mg (0.21 mmol) $(^{tBu}ArOH)_3$tacn werden 10 mL THF kondensiert und das Reaktionsgemisch über Nacht gerührt. Das Lösungsmittel wird im Vakuum abgezogen. Anschließend wird mit 5 mL *n*-Pentan gewaschen und aus einem geeigneten Lösungsmittel umkristallisiert.

4.2.8.2 $[\{(^{tBu}ArO)_3tacn\}Lu]$ (**17**)

$[Lu(BDSA)_3(THF)_2]$ (150 mg, 0.21 mmol). – Ausbeute: 127 mg, 0.13 mmol, 63 % farblose Kristalle aus einer heißgesättigten THF-Lösung. – ^{1}H-NMR (400 MHz, D_8-THF, 25 °C): δ (ppm) = 7.21 (d, ^4J = 2.6 Hz, 3 H, Ph), 6.87 (d, ^4J = 2.6 Hz, 3 H, Ph), 4.03 (d, ^2J = 11.8 Hz, 3 H, NCH_2Ph), 3.14 (d, ^2J = 11.8 Hz, 3 H, NCH_2Ph), 3.01 (ddd, 3 H, NCH_2CH_2N), 2.77 (ddd, 3 H, NCH_2CH_2N), 2.32 (ddd, 3 H, NCH_2CH_2N), 2.23 (ddd, 3 H, NCH_2CH_2N), 1.43 (s, 27 H, *t*Bu), 1.22 (s, 27 H, *t*Bu). $^{13}C\{^1H\}$-NMR (101 MHz, D_8-THF, 25 °C): δ (ppm) = 162.9 (Ph), 137.1 (Ph), 136.7 (Ph), 126.3 (Ph), 124.8 (Ph), 124.0 (Ph), 64.4 (NCH_2Ph), 58.9 (NCH_2CH_2N), 48.8 (NCH_2CH_2N), 35.8 (*t*Bu), 34.6 (*t*Bu), 32.4 (Me), 30.6 (Me). MS (EI, 70 eV): m/z (%) = 955 ($[M]^+$, 100), 940 ($[M\text{-}CH_3]^+$, 17), 736 ($[M\text{-}ArO]^+$, 4), 463 (17), 368 (7), 303 (6), 236 (8), 149 (6), 97 (25), 81 (46), 69 (97), 57 ($[tBu]^+$, 87). – IR (ATR): ν (cm^{-1}) = 2951 (w), 2860 (w), 2510 (w), 1602 (w), 1471 (m), 1440 (m), 1413 (w), 1358 (w), 1309 (m), 1283 (m), 1237 (m), 1201 (w), 1166 (w), 1131 (w), 1101 (w), 1057 (w), 1000 (w), 978 (w), 947 (w), 877 (w), 837 (m), 808 (w), 789 (w), 742 (m), 644 (w), 608 (w), 533 (s). – $C_{51}H_{78}N_3O_3Lu$ (956.15): berechnet C, 64.06; H, 8.39; N, 4.39; gefunden C, 64.18; H, 8.20; N, 3.78.

4.2.8.3 $[\{(^{tBu}ArO)_3tacn\}Sm]$ (**18**)

$[Sm(BDSA)_3(THF)_2]$ (145 mg, 0.21 mmol). – Ausbeute: 137 mg, 0.15 mmol, 70 % farblose Kristalle aus einer heißgesättigten Toluol-Lösung. – MS (EI, 70 eV): m/z (%) = 932 ($[M]^+$, 100), 917 ($[M\text{-}CH_3]^+$, 11), 713 ($[M\text{-}ArO]^+$, 3), 451 (21), 412 (5), 328 (14), 223 (10), 120 (30), 91 ($[Bz]^+$, 20), 77 ($[Ph]^+$, 5), 57 ($[tBu]^+$, 6). – IR (ATR): ν (cm^{-1}) = 2952 (w), 2904 (w), 2859 (w), 1602 (w), 1469 (m), 1439 (w), 1413 (w), 1357 (w), 1342 (w), 1307 (m), 1278 (s), 1236 (m), 1202 (w), 1166 (w), 1131 (w), 1104 (m), 1061 (w), 1002 (w), 978 (w), 948 (w), 918 (w), 881 (m), 834 (m), 809 (w), 791 (w), 770 (w), 739 (s), 697 (w), 644 (w), 608 (w), 529 (s). –

$C_{51}H_{78}N_3O_3Sm\cdot½C_7H_8$ (977.62): berechnet C, 66.96; H, 8.45; N, 4.30; gefunden C, 66.83; H, 8.39; N, 4.07.

*4.2.8.4 [{(^{tBu}ArO)$_3$tacn}Eu] (**19**)*

[Eu(BTSA)$_3$] (133 mg, 0.21 mmol). – Ausbeute: 105 mg, 0.11 mmol, 54 % gelbe Kristalle aus einer heißgesättigten Toluol-Lösung. – MS (EI, 70 eV): m/z (%) = 933 ([M]$^+$, 92), 918 ([M-CH$_3$]$^+$, 10), 715 ([M-ArO]$^+$, 3), 497 ([M-2ArO]$^+$, 15), 451 (11), 355 ([EuArO]$^+$, 12), 281 (48), 207 ([ArOH]$^+$, 100), 91 ([Bz]$^+$, 53), 73 (62), 57 ([*t*Bu]$^+$, 42). – IR (ATR): ν (cm^{-1}) = 2952 (w), 1602 (w), 1469 (m), 1439 (w), 1413 (w), 1358 (w), 1307 (m), 1279 (m), 1236 (w), 1201 (w), 1165 (w), 1131 (w), 1103 (w), 1060 (w), 1002 (w), 978 (w), 949 (w), 918 (w), 880 (m), 834 (m), 808 (w), 790 (w), 738 (s), 696 (w), 645 (w), 608 (w), 529 (s). – $C_{51}H_{78}N_3O_3Eu\cdot C_7H_8$ (1025.59): berechnet C, 67.94; H, 8.45; N, 4.10; gefunden C, 67.68; H, 8.48; N, 3.91.

*4.2.8.5 [{(^{tBu}ArO)$_3$tacn}Sm(NCCH$_3$)] (**20**)*

Auf 200 mg (0.29 mmol) [Sm(BDSA)$_3$(THF)$_2$] und 227 mg (0.29 mmol) (^{tBu}ArOH)$_3$tacn werden 10 mL Acetonitril und 10 mL THF kondensiert. Das Reaktionsgemisch wird über Nacht gerührt. Das Lösungsmittel wird im Vakuum abdestilliert und anschließend werden 10 mL *n*-Pentan aufkondensiert. Danach wird für 1 h bei Raumtemperatur gerührt und das *n*-Pentan im Vakuum entfernt. Das farblose Produkt wird aus einer heißgesättigten 1:1-THF/Acetonitril-Lösung in Form von farblosen Kristallen erhalten. – Ausbeute: 188 mg, 0.19 mmol, 67 %. – MS (EI, 70 eV): m/z (%) = 932 ([M-NCCH$_3$]$^+$, 100), 917 ([M-NCCH$_3$-CH$_3$]$^+$, 11), 713 ([M-NCCH$_3$-ArO]$^+$, 6), 523 (5), 451 (7), 412 (4), 368 (16), 236 (18), 203 (8), 111 (10), 97 (15), 71 (16), 57 ([*t*Bu]$^+$, 24), 42 ([NCCH$_3$]$^+$, 26). Raman (fest): ν (cm^{-1}) = 3188 (w), 3178 (w), 3027 (w), 2952 (s), 2930 (m), 2903 (m), 2777 (w), 2682 (w), 2552 (w), 2272 (w), 1602 (m), 1465 (m), 1302 (w), 1200 (w), 1133 (w), 1027 (m), 1000 (w), 928 (w), 839 (w), 800 (w), 672 (w), 609 (w), 563 (w), 543 (w), 256 (w), 169 (m), 145 (w), 96 (w), 72 (m). – $C_{53}H_{81}N_4O_3Sm$ (972.60): berechnet C, 65.45; H, 8.39; N, 5.76; gefunden C, 65.16; H, 8.48; N, 5.35.

*4.2.8.6 [{(^{Ad}ArO)$_3$tacn}Sm] (**21**)*

Auf 200 mg (0.29 mmol) [Sm(BDSA)$_3$(THF)$_2$] und 295 mg (0.29 mmol) (^{Ad}ArOH)$_3$tacn werden 10 mL THF kondensiert. Das Reaktionsgemisch wird über Nacht bei RT gerührt. Das Lösungsmittel wird im Vakuum abgezogen. Anschließend wird mit 5 mL *n*-Pentan gewaschen. Farblose Kristalle können aus einer heißgesättigten THF-Lösung erhalten werden. – Ausbeute: 271 mg, 0.23 mmol, 80 %. – MS (EI, 70 eV): m/z (%) = 1166 ([M]$^+$, 1), 636 (21), 418 (53), 403 (58), 320 (82), 283 ([ArOH]$^+$, 69), 207 (25), 135 (44), 97 (38), 83 (41), 57 ([*t*Bu]$^+$, 100). – IR (ATR): ν (cm^{-1}) = 2955 (w), 2899 (m), 2845 (w), 1459 (s), 1362 (w), 1340 (w), 1280 (s), 1251 (w), 1219 (m), 1103 (m), 1060 (w), 1003 (w), 969 (m), 879 (m), 833 (m), 803 (m), 724 (m), 667 (w), 590 (m), 529 (s). – $C_{69}H_{96}N_3O_3Sm\cdot 4C_4H_8O$ (1454.30): berechnet C, 70.20; H, 8.87; N, 2.89; gefunden C, 70.23; H, 8.74; N, 2.55.

4.3. Kristallstrukturuntersuchungen

4.3.1. Datensammlung und Verfeinerung

Die Bestimmung der Reflexlagen und -intensitäten erfolgte in der vorliegenden Arbeit mit Hilfe eines *STOE IPDS 2 bzw. STOE IPDS 2T*. Beide arbeiten mit einer Mo-Anode (Mo-K_α-Strahlung; λ = 0.71073 Å) und nachgeschaltetem Graphitmonochromator. Die zu messenden Kristalle wurden mit Hilfe eines Polarisationsmikroskops unter Mineralöl ausgesucht und mit etwas Öl in einem kalten Stickstoffstrom an einem Glasfaden auf dem Goniometerkopf befestigt.

Die Strukturanalysen gliedern sich in folgende Schritte:

1. Bestimmung der Orientierungsmatrix und der Gitterkonstanten anhand der Orientierungsparameter von 500 – 1000 Reflexen im gesamten Messbereich aus mehreren Aufnahmen.

2. Bestimmung der Reflexintensitäten durch Anpassen der Integrationsbedingungen an das gemittelte Reflexprofil und anschließendes Auslesen aller Aufnahmen.

3. Datenreduktion und Korrekturen durch Lorentz- und Polarisationsfaktorkorrektur.

4. Die Strukturbestimmung wurde mit den Programmen *SHELXS,*[66] *SHELXL,*[67] *WinGX32*[68] und *X-STEP32*[69] auf einem *Intel Centrino Duo* PC durchgeführt. Die Lösung der Kristallstrukturen erfolgte mittels direkter oder Patterson Methoden und anschließenden Differenzfouriersynthesen; Optimierung der Atomparameter durch Verfeinerung nach der Methode der kleinsten Fehlerquadrate gegen F_0^2 für die gesamte Matrix.

5. Zur Erstellung von Molekülbildern wurde das Programm *Diamond 3.2e* verwendet.[70]

4.3.2 Daten zu den Kristallstrukturanalysen

4.3.2.1 N,N'-Bis-((R)-1-phenylethyl)benzamidin (R)- HPEBA

Summenformel	$C_{23}H_{24}N_2$
Molare Masse/g·mol^{-1}	328.44
Kristallsystem	Orthorhombisch
a/Å	8.2244(9)
b/Å	12.3838(11)
c/Å	18.916(3)
Zellvolumen/Å^3	1926.6(4)
Messtemperatur/K	200(2)
Raumgruppe	$P2_12_12_1$ (Nr.19)
Z	4
Absorptionskoeffizient, μ/mm^{-1}	0.066
Gemessene Reflexe	5355
Unabhängige Reflexe	3384
R_{int}	0.0298
*R*1	0.0565
w*R*2	0.0825
GooF	0.918

4.3.2.2 N,N'-Bis-((S)-1-phenylethyl)tert-butylamidinhydrochlorid ((S)-HPETA·HCl)

Summenformel	$C_{49}H_{66}Cl_2N_4$
Molare Masse/g·mol^{-1}	781.96
Kristallsystem	Monoklin
a/Å	8.4956(17)
b/Å	17.353(4)
c/Å	16.420(3)
β/°	102.34(3)
Zellvolumen/Å^3	2364.9(8)
Messtemperatur/K	200(2)
Raumgruppe	$P2_1$ (Nr. 4)
Z	2
Absorptionskoeffizient, μ/mm^{-1}	0.172
Gemessene Reflexe	49130
Unabhängige Reflexe	12747
R_{int}	0.1499
*R*1	0.0882
w*R*2	0.1420
GooF	0.984
Flack Parameter	0.05(5)

4.3.2.3 Bis(mesityl)benzamidin (HMBA)

Summenformel	$C_{25}H_{28}N_2$
Molare Masse/g·mol^{-1}	356.49
Kristallsystem	Monoklin
a/Å	13.4477(9)
b/Å	8.9039(9)
c/Å	18.5909(14)
β/°	105.601(6)
Zellvolumen/Å^3	2144.0(3)
Messtemperatur/K	200(2)
Raumgruppe	*P2/c* (Nr. 13)
Z	4
Absorptionskoeffizient, *μ*/mm^{-1}	0.064
Gemessene Reflexe	13048
Unabhängige Reflexe	5753
*R*1	0.0809
w*R*2	0.1238
GooF	1.029

4.3.2.4 Kalium-N,N'-Bis-(1-phenylethyl)benzamidinat (KPEBA)

Summenformel	$C_{60}H_{62}K_2N_4$
Molare Masse/g·mol^{-1}	917.34
Kristallsystem	Monoklin
a/Å	12.786(3)
b/Å	13.424(3)
c/Å	15.821(3)
β/°	105.36(3)
Zellvolumen/Å^3	2618.5(11)
Messtemperatur/K	200(2)
Raumgruppe	$P2_1/n$ (Nr. 14)
Z	2
Absorptionskoeffizient, *μ*/mm^{-1}	0.222
Gemessene Reflexe	76916
Unabhängige Reflexe	7100
R_{int}	0.2436
*R*1	0.1896
w*R*2	0.2365
GooF	1.216

*4.3.2.5 [{(S)-PEBA}LuCl$_2$(THF)$_2$] (**1**)*

Summenformel	$C_{31}H_{39}Cl_2LuN_2O_2$
Molare Masse/g·mol^{-1}	717.51
Kristallsystem	Monoklin
a/Å	13.1521(11)
b/Å	12.4744(11)
c/Å	10.8067(9)
β/°	118.413(6)
Zellvolumen/Å^3	1559.4(2)
Messtemperatur/K	150(2)
Raumgruppe	*C*2 (Nr. 5)
Z	2
Absorptionskoeffizient, μ/mm^{-1}	3.365
Gemessene Reflexe	6085
Unabhängige Reflexe	3257
R_{int}	0.0448
*R*1	0.0288
w*R*2	0.0763
GooF	1.038
Flack Parameter	-0.003(12)

*4.3.2.6 [{(S)-PEBA}YbCl$_2$(THF)$_2$] (**2**)*

Summenformel	$C_{31}H_{39}Cl_2N_2O_2Yb$
Molare Masse/g·mol^{-1}	715.58
Kristallsystem	Monoklin
a/Å	13.242(3)
b/Å	12.530(3)
c/Å	10.896(2)
β/°	118.64(3)
Zellvolumen/Å^3	1586.8(5)
Messtemperatur/K	200(2)
Raumgruppe	*C*2 (Nr. 5)
Z	2
Absorptionskoeffizient, μ/mm^{-1}	3.144
Gemessene Reflexe	27046
Unabhängige Reflexe	4253
R_{int}	0.1049
*R*1	0.0281
w*R*2	0.0723
GooF	1.045
Flack Parameter	-0.025(11)

4.3.2.7 [(PEBA)SmCl$_2$(THF)$_3$] (**3**)

Summenformel	$C_{35}H_{47}Cl_2N_2O_3Sm$
Molare Masse/g·mol^{-1}	765.00
Kristallsystem	Monoklin
a/Å	13.440(3)
b/Å	11.421(2)
c/Å	24.267(8)
β/°	108.69(3)
Zellvolumen/Å^3	3528.5(17)
Messtemperatur/K	200(2)
Raumgruppe	$P2_1/c$ (Nr. 14)
Z	4
Absorptionskoeffizient, μ/mm^{-1}	1.851
Gemessene Reflexe	105130
Unabhängige Reflexe	7465
R_{int}	0.0573
*R*1	0.0290
w*R*2	0.0696
GooF	1.088

4.3.2.8 [{(S)-PEBA}$_3$Sm] (**4**)

Summenformel	$C_{73}H_{77}N_6OSm$
Molare Masse/g·mol^{-1}	1204.76
Kristallsystem	Kubisch
a/Å	18.577(2)
Zellvolumen/Å^3	6410.6(13)
Messtemperatur/K	200(2)
Raumgruppe	$P2_13$ (Nr. 198)
Z	4
Absorptionskoeffizient, μ/mm^{-1}	0.963
Gemessene Reflexe	49359
Unabhängige Reflexe	5808
R_{int}	0.0837
*R*1	0.0516
w*R*2	0.0728
GooF	0.892
Flack Parameter	-0.033(12)

*4.3.2.9 [{(S)-PEBA}$_2$LuCl]$_2$ (**5**)*

Summenformel	$C_{92}H_{92}Cl_2Lu_2N_8$
Molare Masse/g·mol^{-1}	1730.58
Kristallsystem	Kubisch
a/Å	24.629(3)
Zellvolumen/Å^3	14939(3)
Messtemperatur/K	150(2)
Raumgruppe	I23 (Nr. 197)
Z	6
Absorptionskoeffizient, μ/mm^{-1}	2.066
Gemessene Reflexe	17604
Unabhängige Reflexe	5951
R_{int}	0.0404
R1	0.0440
wR2	0.0988
GooF	1.123
Flack Parameter	0.000(13)

*4.3.2.10 [{(S)-PEBA}$_2$YbCl]$_2$ (**6**)*

Summenformel	$C_{92}H_{92}Cl_2N_8Yb_2$
Molare Masse/g·mol^{-1}	1726.72
Kristallsystem	Kubisch
a/Å	24.596(3)
Zellvolumen/Å^3	14880(3)
Messtemperatur/K	200(2)
Raumgruppe	I23 (Nr. 197)
Z	6
Absorptionskoeffizient, μ/mm^{-1}	1.969
Gemessene Reflexe	10393
Unabhängige Reflexe	4574
R_{int}	0.0421
R1	0.0387
wR2	0.1088
GooF	1.203
Flack Parameter	0.02(2)

*4.3.2.11 [(PEBA)$_2$ErCl]$_2$ (**7**)*

Summenformel	$C_{189}H_{196}Cl_4Er_4N_{16}$
Molare Masse/g·mol^{-1}	3502.46
Kristallsystem	Triklin
a/Å	14.149(3)
b/Å	16.590(3)
c/Å	19.387(4)
α/°	86.88(3)
β/°	84.03(3)
γ/°	71.25(3)
Zellvolumen/Å^3	4284.8(15)
Messtemperatur/K	200(2)
Raumgruppe	$P\bar{1}$ (Nr. 2)
Z	1
Absorptionskoeffizient, *μ*/mm^{-1}	2.057
Gemessene Reflexe	119819
Unabhängige Reflexe	23140
R_{int}	0.1724
*R*1	0.1140
w*R*2	0.1287
GooF	1.104

*4.3.2.12 [{(S)-PEBA}$_2$SmCl]$_2$ (**8**)*

Summenformel	$C_{92}H_{92}Cl_2N_8Sm_2$
Molare Masse/g·mol^{-1}	1681.34
Kristallsystem	Kubisch
a/Å	24.754(3)
Zellvolumen/Å^3	15169(3)
Messtemperatur/K	150(2)
Raumgruppe	*I*23 (Nr. 197)
Z	6
Absorptionskoeffizient, *μ*/mm^{-1}	1.243
Gemessene Reflexe	66110
Unabhängige Reflexe	6068
R_{int}	0.0573
*R*1	0.0376
w*R*2	0.1046
GooF	1.199
Flack Parameter	0.02(2)

*4.3.2.13 [{(S)-PETA}$_2$LuCl]$_2$ (**9**)*

Summenformel	$C_{98}H_{124}Cl_2Lu_2N_8$
Molare Masse/g·mol^{-1}	1834.89
Kristallsystem	Triklin
a/Å	10.978(2)
b/Å	14.615(3)
c/Å	15.599(3)
α/°	93.32(3)
β/°	106.59(3)
γ/°	107.38(3)
Zellvolumen/Å^3	2260.8(10)
Messtemperatur/K	150(2)
Raumgruppe	P1 (Nr.1)
Z	1
Absorptionskoeffizient, μ/mm^{-1}	2.279
Gemessene Reflexe	69354
Unabhängige Reflexe	18389
R_{int}	0.0724
R1	0.0416
wR2	0.1017
GooF	1.025
Flack Parameter	0.004(6)

*4.3.2.14 [{(S)-PETA}$_2$Sm(μ-Cl)$_2$Li(THF)$_2$] (**10**)*

Summenformel	$C_{50}H_{70}Cl_2LiN_4O_2Sm$
Molare Masse/g·mol^{-1}	987.29
Kristallsystem	Orthorhombisch
a/Å	14.704(3)
b/Å	16.032(3)
c/Å	21.425(4)
Zellvolumen/Å^3	5050.5(17)
Messtemperatur/K	200(2)
Raumgruppe	$P2_12_12_1$ (Nr.19)
Z	4
Absorptionskoeffizient, μ/mm^{-1}	1.308
Gemessene Reflexe	41197
Unabhängige Reflexe	10737
R_{int}	0.0325
R1	0.0267
wR2	0.0557
GooF	1.031
Flack Parameter	-0.019(6)

*4.3.2.15 [{(S)-PETA}$_2$Lu(BTSA)] (**11**)*

Summenformel	$C_{52}H_{62}LuN_5Si_2$
Molare Masse/g·mol^{-1}	988.22
Kristallsystem	Orthorhombisch
a/Å	10.207(2)
b/Å	10.682(2)
c/Å	45.576(9)
Zellvolumen/Å^3	4969.3(17)
Messtemperatur/K	200(2)
Raumgruppe	$P2_12_12_1$ (Nr.19)
Z	4
Absorptionskoeffizient, μ/mm^{-1}	2.073
Gemessene Reflexe	126734
Unabhängige Reflexe	13469
R_{int}	0.2762
*R*1	0.0988
w*R*2	0.1791
GooF	0.986
Flack Parameter	-0.004(15)

*4.3.2.16 [{(S)-PEBA}$_2${(S)-µ-PEBA}Zn$_2$(µ-OH)] (**12**)*

Summenformel	$C_{73}H_{78}N_6O_2Zn_2$
Molare Masse/g·mol^{-1}	1202.15
Kristallsystem	Orthorhombisch
a/Å	13.724(3)
b/Å	20.786(4)
c/Å	22.773(5)
Zellvolumen/Å^3	6496(2)
Messtemperatur/K	150(2)
Raumgruppe	$P2_12_12_1$ (Nr.19)
Z	4
Absorptionskoeffizient, μ/mm^{-1}	0.788
Gemessene Reflexe	109020
Unabhängige Reflexe	17562
R_{int}	0.1297
*R*1	0.0829
w*R*2	0.1327
GooF	1.107
Flack Parameter	0.011(11)

*4.3.2.17 [{(S)-PEBA}$_2${(S)-µ-PEBA}Zn$_2$(µ-Cl)] (**13**)*

Summenformel	$C_{69}H_{69}ClN_6Zn_2$
Molare Masse/g·mol^{-1}	1148.49
Kristallsystem	Orthorhombisch
a/Å	17.179(3)
b/Å	15.142(3)
c/Å	22.628(4)
Zellvolumen/Å^3	5886.1(19)
Messtemperatur/K	150(2)
Raumgruppe	$P2_12_12_1$ (Nr. 19)
Z	4
Absorptionskoeffizient, μ/mm^{-1}	0.907
Gemessene Reflexe	32600
Unabhängige Reflexe	10918
R_{int}	0.1218
$R1$	0.1085
w$R2$	0.0921
GooF	0.866
Flack Parameter	0.012(12)

*4.3.2.18 [(MBA)$_2$Zn] (**14**)*

Summenformel	$C_{121}H_{132}N_8Zn_2$
Molare Masse/g·mol^{-1}	1829.09
Kristallsystem	Triklin
a/Å	12.919(3)
b/Å	14.338(3)
c/Å	15.728(3)
α/°	106.49(3)
β/°	95.68(3)
γ/°	106.15(3)
Zellvolumen/Å^3	2632.7(12)
Messtemperatur/K	200(2)
Raumgruppe	$P\bar{1}$ (Nr. 2)
Z	1
Absorptionskoeffizient, μ/mm^{-1}	0.507
Gemessene Reflexe	55230
Unabhängige Reflexe	14228
R_{int}	0.1135
$R1$	0.1250
w$R2$	0.2083
GooF	1.005

*4.3.2.19 [(MBA)ReO$_3$] (**15**)*

Summenformel	$C_{25}H_{27}N_2O_3Re$
Molare Masse/g·mol^{-1}	589.69
Kristallsystem	Orthorhombisch
a/Å	18.948(4)
b/Å	9.917(2)
c/Å	24.874(5)
Zellvolumen/Å^3	4674.1(16)
Messtemperatur/K	200(2)
Raumgruppe	*Pca*21 (Nr.29)
Z	8
Absorptionskoeffizient, μ/mm^{-1}	5.227
Gemessene Reflexe	37591
Unabhängige Reflexe	9838
R_{int}	0.1335
*R*1	0.0676
w*R*2	0.0983

*4.3.2.20 [{(^{tBu}ArO)$_3$tacn}Lu] (**17**)*

Summenformel	$C_{67}H_{110}LuN_3O_7$
Molare Masse/g·mol^{-1}	1244.55
Kristallsystem	Kubisch
a/Å	30.907(4)
Zellvolumen/Å^3	29524(7)
Messtemperatur/K	150(2)
Raumgruppe	$I\bar{4}3d$ (Nr. 220)
Z	16
Absorptionskoeffizient, μ/mm^{-1}	1.383
Gemessene Reflexe	114300
Unabhängige Reflexe	5486
R_{int}	0.0869
*R*1	0.0507
w*R*2	0.1249
GooF	1.077
Flack Parameter	-0.04(2)

*4.3.2.21 [{(^{tBu}ArO)$_3$tacn}Sm] (**18**)*

Summenformel	$C_{123}H_{180}N_6O_6Sm_2$
Molare Masse/g·mol^{-1}	2139.43
Kristallsystem	Triklin
a/Å	9.8360(10)
b/Å	16.2909(15)
c/Å	19.9209(14)
α/°	73.370(6)
β/°	86.546(7)
γ/°	77.386(7)
Zellvolumen/Å^3	2984.7(5)
Messtemperatur/K	200(2)
Raumgruppe	$P\bar{1}$ (Nr. 2)
Z	1
Absorptionskoeffizient, *μ*/mm^{-1}	1.027
Gemessene Reflexe	13028
Unabhängige Reflexe	10762
R_{int}	0.0336
*R*1	0.0631
w*R*2	0.1251
GooF	0.947

*4.3.2.22 [{(^{tBu}ArO)$_3$tacn}Eu] (**19**)*

Summenformel	$C_{165}H_{228}Eu_2N_6O_6$
Molare Masse/g·mol^{-1}	2695.45
Kristallsystem	Trigonal
a/Å	19.630(3)
b/Å	19.630(3)
c/Å	35.699(7)
α/°	90.00
β/°	90.00
γ/°	120.00
Zellvolumen/Å^3	11913(3)
Messtemperatur/K	150(2)
Raumgruppe	$R\bar{3}$ (Nr. 148)
Z	3
Absorptionskoeffizient, *μ*/mm^{-1}	0.835
Gemessene Reflexe	38852
Unabhängige Reflexe	7146
R_{int}	0.1704
*R*1	0.0731
w*R*2	0.1927
GooF	1.095

4.3.2.23 [{(^{tBu}ArO)$_3$tacn}Sm(NCCH$_3$)] (**20**)

Summenformel	$C_{59}H_{92}N_5O_4Sm$
Molare Masse/g·mol^{-1}	1085.73
Kristallsystem	Monoklin
a/Å	15.426(3)
b/Å	39.106(8)
c/Å	9.6132(19)
β/°	91.63(3)
Zellvolumen/Å^3	5797(2)
Messtemperatur/K	150(2)
Raumgruppe	*P*21/*c* (Nr. 14)
Z	4
Absorptionskoeffizient, *μ*/mm^{-1}	1.060
Gemessene Reflexe	34909
Unabhängige Reflexe	12079
R_{int}	0.1795
*R*1	0.1067
w*R*2	0.1893
GooF	0.969

4.3.2.24 [{(^{Ad}ArO)$_3$tacn}Sm] (**21**)

Summenformel	$C_{85}H_{119}N_3O_7Sm$
Molare Masse/g·mol^{-1}	1445.18
Kristallsystem	Orthorhombisch
a/Å	35.118(7)
b/Å	23.005(5)
c/Å	11.343(2)
Zellvolumen/Å^3	9164(3)
Messtemperatur/K	200(2)
Raumgruppe	$Pna2_1$ (Nr. 33)
Z	4
Absorptionskoeffizient, *μ*/mm^{-1}	0.687
Gemessene Reflexe	52296
Unabhängige Reflexe	22329
R_{int}	0.2901
*R*1	0.2926
w*R*2	0.4316
GooF	1.039
Flack Parameter	0.06(4)

5. ZUSAMMENFASSUNG (SUMMARY)

5.1. Zusammenfassung

Die enantioselektive Synthese von chiralen Molekülen ist Gegenstand intensiver Forschung. Ein Weg dies zu bewerkstelligen, ist die Verwendung von chiralen Katalysatoren. Deswegen wurden in der vorliegenden Arbeit chirale Amidinat-Komplexe der Lanthanoide, des Zinks und des Rheniums synthetisiert und charakterisiert.

Zu diesem Zweck wurden die literaturbekannten (*R*,*R*)- bzw. (*S*,*S*)-*N*,*N*'-Bis(1-phenylethyl)benzamidine ((*R*)- bzw. (*S*)-HPEBA) über eine verbesserte Synthesemethode dargestellt. Außerdem wurde das sterisch anspruchsvollere *N*,*N*'-Bis((*S*)-1-phenylethyl)*tert*-butylamidin ((*S*)-HPETA) synthetisiert. Durch Salzmetathesereaktionen der Lithium- bzw. Kaliumsalze der Liganden mit Lanthanoidtrichloriden konnten sowohl Mono- als auch Bisamidinat-Lanthanoid-Komplexe erhalten werden (Schema 1). Ein Bis(trimethylsilyl)amid-Derivat (BTSA) von [{(*S*)-PEBA}$_2$LuCl] konnte durch eine Metallierungsreaktion von (*S*)-HPEBA mit [Lu(BTSA)$_3$] synthetisiert werden. Ebenfalls über eine Metallierungsreaktion konnte der Trisamidinat-Samarium-Komplex [{(*S*)-PEBA}$_3$Sm] durch Umsetzung von (*S*)-HPEBA mit [Sm{N(SiHMe$_2$)}$_3$(THF)$_2$] dargestellt werden. Trisamidinat-Komplexe der kleinen Lanthanoide (Lu, Yb) waren aus sterischen Gründen nicht zugänglich. Amidinat-Komplexe der großen Lanthanoide (La, Ce) konnten durch diese Liganden nicht stabilisiert werden. Chirale Amidinat-Komplexe der Lanthanoide waren zuvor unbekannt.

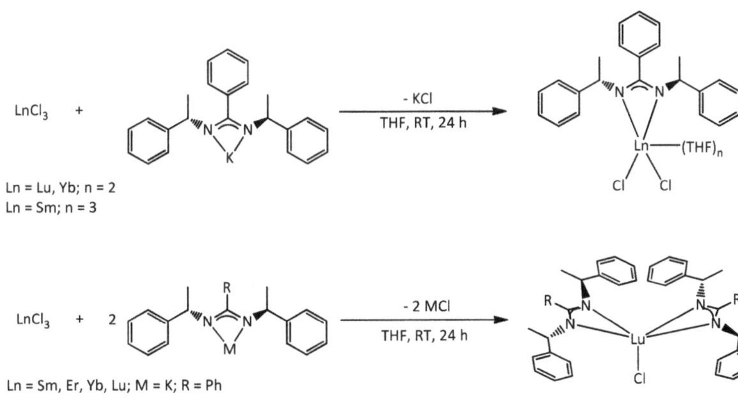

Schema 1

Die Synthese von chiralen, mononuklearen homo- und heteroleptischen Amidinat-Zink-Komplexen über Salzmetathese- und Metallierungsreaktionen misslang. Scheinbar sind PEBA und PETA nicht in der Lage solche Komplexe zu stabilisieren. Vielmehr erhielt man im Fall von (*S*)-PEBA binukleare Amidinat-Zink-Komplexe der Zusammensetzung [{(*S*)-PEBA}$_2$((*S*)-μ-PEBA)Zn$_2$(μ-R)] (R = OH, Cl) (Schema 2).

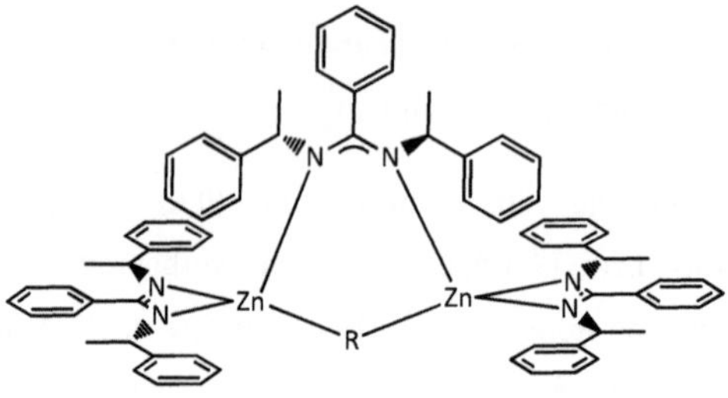

R = OH (**12**), Cl (**13**)

Schema 2

Dass Amidinat-Liganden homoleptische Zink-Komplexe durchaus stabilisieren können, zeigt die Umsetzung des achiralen Bis-(mesityl)benzamidin-Liganden (HMBA) mit Dimethylzink zu [(MBA)$_2$Zn].

Homoleptische Zink-Komplexe sind sehr gute Ausgangsmaterialien um Organorhenium(VII)oxid-Komplexe zu synthetisieren. Durch die Reaktion von [(MBA)$_2$Zn] mit Re_2O_7 konnte ein Komplex der Zusammensetzung [(MBA)ReO_3] erhalten werden. Da die Isolierung des homoleptischen [{(*S*)-PEBA}$_2$Zn]-Komplexes nicht möglich war, wurde dieser *in situ* erzeugt und ebenfalls mit Re_2O_7 umgesetzt (Schema 3). Der entstehende [{(*S*)-PEBA}ReO_3]-Komplex ist die erste chirale Rhenium(VII)oxid-Verbindung, die nicht auf Lewis-Säure-Base-Addukten basiert .

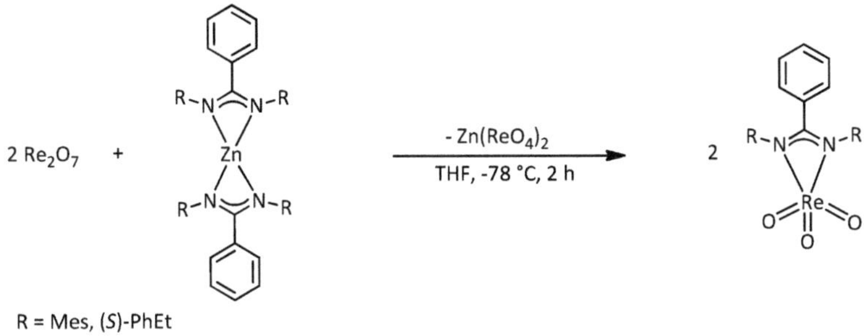

Schema 3

Ein weiterer Abschnitt der Arbeit befasst sich mit der Lanthanoid-Chemie der Triazacyclononan-verbrückten Trisarylhydroxid-Liganden ((^{R}ArOH)$_3$tacn). Diese wurden schon erfolgreich in der Koordinationschemie des Urans zur Aktivierung kleiner Moleküle verwendet. Ähnliches sollte für die Lanthanoide getestet werden. Dazu wurden über Metallierungsreaktionen mit (^{R}ArOH)$_3$tacn (R = *t*Bu, Ad) und Lanthanoid-Amiden verschiedene [{(^{R}ArO)$_3$tacn}Ln]-Komplexe (Ln = Lu, Sm, Eu) synthetisiert (Schema 4). Der Ligand koordiniert verzerrt oktaedrisch um das Zentralatom und umschließt dieses fast vollständig. Es bleibt eine Koordinationsstelle frei die von kleinen Molekülen besetzt werden kann. Die Synthese von Addukte mit CO_2 oder *tert*-Butylisonitril funktionierte nicht, jedoch konnte das Acetonitril-Addukt [{(^{tBu}ArO)$_3$tacn}Sm(NCCH$_3$)] erfolgreich synthetisiert werden.

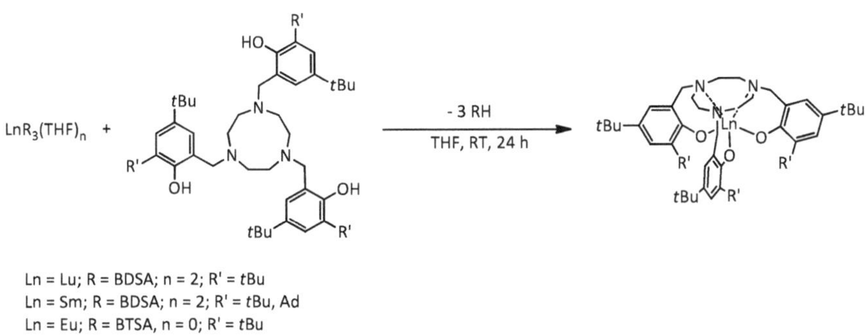

Schema 4

5.2. Summary

The enantioselective synthesis of chiral molecules is a major goal of chemical research. One way to accomplish this task is the use of chiral catalysts. Therefore, in the present work chiral amidinate complexes of the lanthanides, zinc and rhenium have been synthesized and characterized.

That is why (*R,R*)- and (*S,S*)-*N,N*'-bis(1-phenylethyl)benzamidine ((*R*)- ans (*S*)-HPEBA) were synthesized via an improved synthetic method. In addition, the sterically more demanding *N,N*'-bis((*S*)-1-phenylethyl)-*tert*-butylamidine ((*S*)-HPETA) was synthesized.

By salt metathesis reactions of lithium or potassium salts of the ligands with lanthanide trichlorides, mono- and bis(amidinate) lanthanide complexes were obtained (Scheme 1). Metalation reaction of (*S*)-HPEBA with [Lu(BTSA)$_3$] afforded a bis(trimethylsilyl)amide (BTSA) derivative of [{(*S*)-PEBA}$_2$LuCl]. A tris(amidinate) samarium complex [{(*S*)-PEBA}$_3$Sm] was obtained by the metalation reaction of (*S*)-HPEBA with [Sm{N(SiHMe$_2$)}$_3$(THF)$_2$]. As a result of steric strain tris(amidinate) complexes of the smaller lanthanides (Lu, Yb) were inaccessible. Amidinate complexes of the larger lanthanides (La, Ce) could not be stabilized by those ligands. Chiral amidinate complexes of the lanthanides were previously unknown.

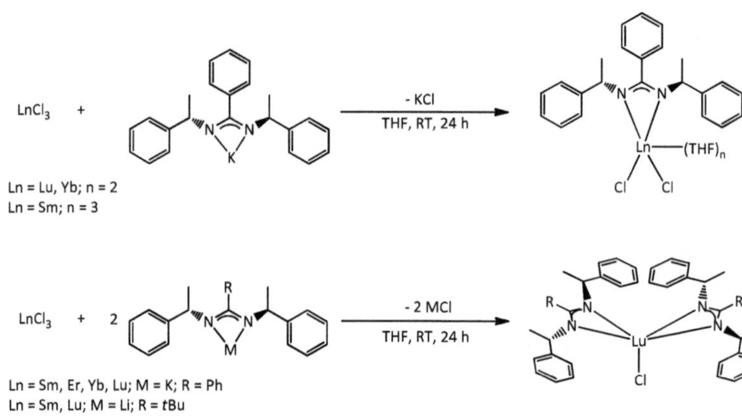

Scheme 1

The synthesis of chiral homo- and heteroleptic mononuclear zinc complexes of PEBA and PETA via salt metathesis and metalation reactions did not succeed. Apparently, PEBA and PETA are not able to stabilize such complexes. But in the case of (*S*)-PEBA, binuclear amidinate zinc complexes of the composition [{(*S*)-PEBA}$_2$((*S*)-μ-PEBA)Zn_2(μ-R)] (R = OH, Cl) were obtained (Scheme 2).

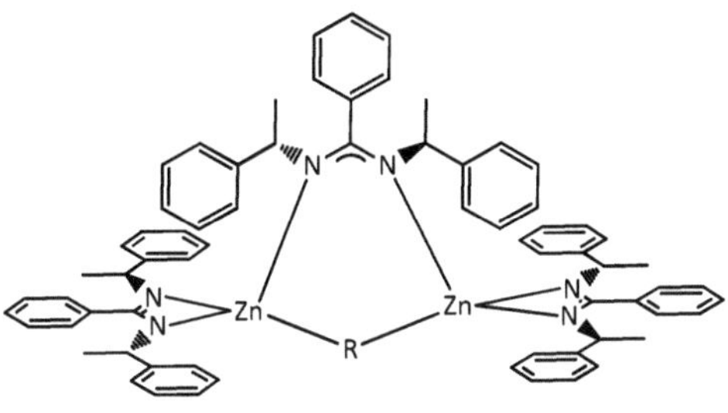

R = OH (**12**), Cl (**13**)

Scheme 2

The fact that amidinate ligands are able to stabilize homoleptic zinc complexes is shown by the synthesis of [$(MBA)_2Zn$] via the reaction of the achiral bis(mesityl)benzamidine ligand (HMBA) with dimethylzinc.

Homoleptic zinc complexes are useful starting materials for the synthesis of organorhenium(VII) oxide complexes. By the reaction of [$(MBA)_2Zn$] with Re_2O_7, the rhenium complex [(MBA)ReO_3] was obtained. Although the isolation of the homoleptic [{(*S*)-PEBA}$_2$Zn] complex was not possible, it can be generated *in situ*. The reaction with Re_2O_7 resulted in the formation of the [{(*S*)-PEBA}ReO_3] complex, the first chiral rhenium(VII) oxide compound that is not based on Lewis-acid-base adducts (Scheme 3).

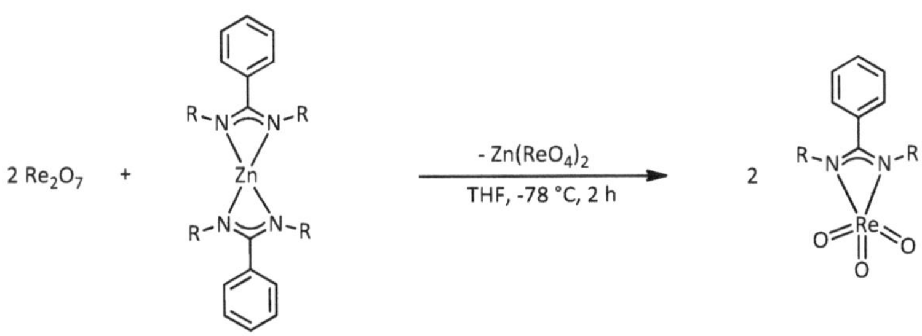

R = Mes, (*S*)-PhEt

Scheme 3

Another section of this thesis deals with the lanthanide chemistry of the triazacyclononane bridged trisarylhydroxide ligands ((^{R}ArOH)$_3$tacn). The ligand has been used in the coordination chemistry of uranium for the activation of small molecules. The same reactivity was tested for the lanthanides. [{(^{R}ArO)$_3$tacn} Ln] (Ln = Lu, Sm, Eu) were synthesized by metalation of (^{R}ArOH)$_3$tacn (R = *t*Bu, Ad) with lanthanide amides (Scheme 4). The ligand coordinates to the central metal in a distorted octahedral fashion and surrounds the metal almost completely. It remains a free coordination site that can be occupied by small molecules. This was demonstrated by the synthesis of the acetonitrile adduct [{(^{tBu}ArO)$_3$tacn}Sm(NCCH$_3$)]. The synthesis of CO_2 or *tert*-butylisonitrile adducts did not succeed.

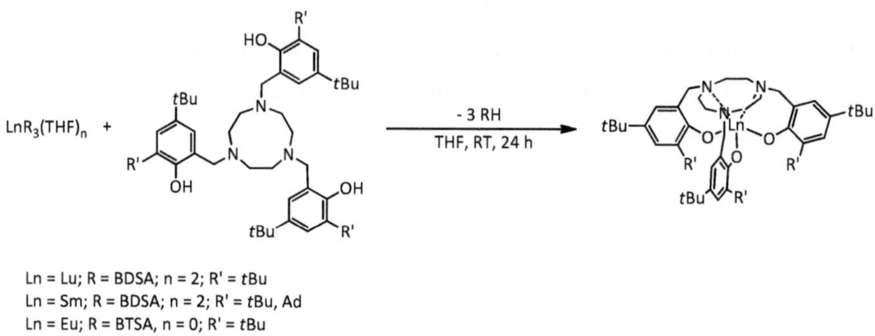

Scheme 4

6. LITERATUR

[1] S. R. Christiane, *Chem. unserer Zeit* **2001**, *35*, 110.

[2] A. F. Holleman, N. Wiberg, E. Wiberg, *Lehrbuch der Anorganischen Chemie, Vol. 102*, Walter de Gruyter & Co., Berlin, **2007**.

[3] N. Kaltsoyannis, P. Scott, *The f Elements*, OUP Oxford, Oxford, **1999**.

[4] S. Cotton, *Lanthanide and Actinide Chemistry*, Wiley, Chichester, **2006**.

[5] W. J. Evans, *Inorg. Chem.* 2007, *46*, **3435**.

[6] C. Elschenbroich, *Organometallchemie, Vol. 5*, Teubner B.G., Wiesbaden, **2005**.

[7] a) T. E. Müller, K. C. Hultzsch, M. Yus, F. Foubelo, M. Tada, *Chem. Rev.* **2008**, *108*, 3795; b) S. Hong, T. J. Marks, *Acc. Chem. Res.* **2004**, *37*, 673; c) P. W. Roesky, T. E. Müller, *Angew. Chem.* **2003**, *115*, 2812; d) F. Pohlki, S. Doye, *Chem. Soc. Rev.* **2003**, *32*, 104.

[8] a) P.-F. Fu, L. Brard, Y. Li, T. J. Marks, *J. Am. Chem. Soc.* **1995**, *117*, 7157; b) M. Rastätter, A. Zulys, P. W. Roesky, *Chem. Eur. J.* **2007**, *13*, 3606; c) B. Marciniec, H. Maciejewski, C. Pietraszuk, P. Pawluć, *Hydrosilylation. A Comprehensive Review on Recent Advances*, Springer, London, **2009**.

[9] a) Z. Hou, Y. Wakatsuki, *Coord. Chem. Rev.* **2002**, *231*, 1; b) J. Gromada, J.-F. Carpentier, A. Mortreux, *Coord. Chem. Rev.* **2004**, *248*, 397.

[10] a) F. T. Edelmann, *Coord. Chem. Rev.* **1994**, *137*, 403; b) F. T. Edelmann, *Chem. Soc. Rev.* **2009**, *38*, 2253.

[11] F. Lauterwasser, P. G. Hayes, S. Brase, W. E. Piers, L. L. Schafer, *Organometallics* **2004**, *23*, 2234.

[12] S. Hong, S. Tian, M. V. Metz, T. J. Marks, *J. Am. Chem. Soc.* **2003**, *125*, 14768.

[13] a) P. W. Roesky, *Chem. Ber.* **1997**, *130*, 859; b) N. Meyer, A. Zulys, P. W. Roesky, *Organometallics* **2006**, *25*, 4179.

[14] a) T. K. Panda, P. Benndorf, P. W. Roesky, *Z. Anorg. Allg. Chem.* **2005**, *631*, 81; b) T. K. Panda, A. Zulys, M. T. Gamer, P. W. Roesky, *Organometallics* **2005**, *24*, 2197.

[15] H. Kim, T. Livinghouse, J. H. Shim, S. G. Lee, P. H. Lee, *Adv. Synth. Catal.* **2006**, *348*, 701.

[16] K. C. Hultzsch, *Org. Biomol. Chem.* **2005**, *3*, 1819.

[17] a) D. V. Gribkov, K. C. Hultzsch, F. Hampel, *J. Am. Chem. Soc.* **2006**, *128*, 3748; b) G. Zi, *Dalton Trans.* **2009**, 9101.

[18] a) M. Dochnahl, K. Löhnwitz, J.-W. Pissarek, M. Biyikal, S. R. Schulz, S. Schön, N. Meyer, P. W. Roesky, S. Blechert, *Chem. Eur. J.* **2007**, *13*, 6654; b) M. R. Bürgstein, H. Berberich, P. W. Roesky, *Chem. Eur. J.* **2001**, *7*, 3078.

[19] S. Hong, A. M. Kawaoka, T. J. Marks, *J. Am. Chem. Soc.* **2003**, *125*, 15878.

[20] K. Joachim, *Pharm. Unserer Zeit* **1995**, *24*, 324.

[21] a) H. C. Aspinall, *Chem. Rev.* **2002**, *102*, 1807; b) J. Inanaga, H. Furuno, T. Hayano, *Chem. Rev.* **2002**, *102*, 2211.

[22] F. T. Edelmann, F. H. Anthony, J. F. Mark, *Adv. Organomet. Chem.* **2008**, *57*, 183.

[23] S. Bambirra, M. W. Bouwkamp, A. Meetsma, B. Hessen, *J. Am. Chem. Soc.* **2004**, *126*, 9182.

[24] a) C. Averbuj, E. Tish, M. S. Eisen, *J. Am. Chem. Soc.* **1998**, *120*, 8640; b) J. Li, S. Huang, L. Weng, D. Liu, *J. Organomet. Chem.* **2006**, *691*, 3003; c) L. A. Koterwas, J. C. Fettinger, L. R. Sita, *Organometallics* **1999**, *18*, 4183.

[25] H. Brunner, J. Lukassek, G. Agrifoglio, *J. Organomet. Chem.* **1980**, *195*, 63.

[26] E. Nelkenbaum, M. Kapon, M. S. Eisen, *J. Organomet. Chem.* **2005**, *690*, 3154.

[27] a) H. Brunner, G. Agrifoglio, *Monatsh. Chem.* **1980**, *111*, 275; b) A. Bertogg, A. Togni, *Organometallics* **2005**, *25*, 622.

[28] M. S. Hill, P. B. Hitchcock, S. M. Mansell, *Dalton Trans.* **2006**, 1544.

[29] H. Vahrenkamp, *Dalton Trans.* **2007**, 4751.

[30] a) M. Melnik, K. Györyová, J. Skoršepa, C. E. Holloway, *J. Coord. Chem.* **1995**, *35*, 179; b) S. J. Archibald, in *Comprehensive Coordination Chemistry II* (Eds.: J. A. McCleverty, T. J. Meyer), Pergamon, Oxford, **2003**, pp. 1147.

[31] a) N. Nimitsiriwat, V. C. Gibson, E. L. Marshall, P. Takolpuckdee, A. K. Tomov, A. J. P. White, D. J. Williams, M. R. J. Elsegood, S. H. Dale, *Inorg. Chem.* **2007**, *46*, 9988; b) T. Eisenmann, J. Khanderi, S. Schulz, U. Flörke, *Z. Anorg. Allg. Chem.* **2008**, *634*, 507.

[32] a) M. Münch, U. Flörke, M. Bolte, S. Schulz, D. Gudat, *Angew. Chem.* **2008**, *120*, 1535; b) M. L. Cole, D. J. Evans, P. C. Junk, L. M. Louis, *New J. Chem.* **2002**, *26*, 1015.

[33] a) C. C. Romão, F. E. Kühn, W. A. Herrmann, *Chem. Rev.* **1997**, *97*, 3197; b) W. A. Herrmann, *Angew. Chem.* **1988**, *100*, 1269; c)F. E. Kühn, A. Scherbaum, W. A. Herrmann, *J. Organomet. Chem.* **2004**, *689*, 4149.

[34] A. M. J. Rost, W. A. Herrmann, F. E. Kühn, *Tetrahedron Lett.* **2007**, *48*, 1775.

[35] a) W. A. Herrmann, R. W. Fischer, W. Scherer, M. U. Rauch, *Angew. Chem.* **1993**, *105*, 1209; b) W. A. Herrmann, R. W. Fischer, D. W. Marz, *Angew. Chem.* **1991**, *103*, 1706; c) F. E. Kuhn, A. M. Santos, W. A. Herrmann, *Dalton Trans.* **2005**, 2483.

[36] a) S. Stankovic, J. H. Espenson, *Chem. Commun.* **1998**, 1579; b) H. Rudler, B. Denise, *Chem. Commun.* **1998**, 2145.

[37] W. A. Herrmann, R. W. Fischer, J. D. G. Correia, *J. Mol. Catal.* **1994**, *94*, 213.

[38] F. E. Kühn, J. Zhao, W. A. Herrmann, *Tetrahedron: Asymmetry* **2005**, *16*, 3469.

[39] D. Walther, P. Gebhardt, R. Fischer, U. Kreher, H. Görls, *Inorg. Chim. Acta* **1998**, *281*, 181.

[40] P. Chaudhuri, K. Wieghardt, in *Progress in Inorganic Chemistry* (Ed.: D. K. Kenneth), **2002**, pp. 151.

[41] O. P. Lam, C. Anthon, K. Meyer, *Dalton Trans.* **2009**, 9677.

[42] I. Castro-Rodriguez, K. Olsen, P. Gantzel, K. Meyer, *J. Am. Chem. Soc.* **2003**, *125*, 4565.

[43] P. J. Dunn, in *Comprehensive Organic Functional Group Transformations* (Eds.: R. K. Alan, M.-C. Otho, W. R. Charles), Elsevier Science, Oxford, **1995**, pp. 741.

[44] M. P. Coles, *Dalton Trans.* **2006**, 985.

[45] J. D. Korp, I. Bernal, *Chemica Scripta* **1983**, *22*, 60.

[46] T. Hasegawa, K. Morino, Y. Tanaka, H. Katagiri, Y. Furusho, E. Yashima, *Macromolecules* **2006**, *39*, 482.

[47] W. R. Vaughan, R. D. Carlson, *J. Am. Chem. Soc.* **1962**, *85*, 769.

[48] R. F. Cunico, R. K. Pandey, *J. Org. Chem.* **2005**, *70*, 5344.

[49] M. Hesse, H. Meier, B. Zeeh, *Spektroskopische Methoden in der organischen Chemie*, Thieme, Stuttgart, **2005**.

[50] a) J. Grundy, M. P. Coles, P. B. Hitchcock, *J. Organomet. Chem.* **2002**, *662*, 178; b) R. T. Boeré, V. Klassen, G. Wolmershäuser, *J. Chem. Soc., Dalton Trans.* **1998**, 4147.

[51] a) J. Drabowicz, M. Pacholczyk, *Phosphorus, Sulfur Silicon Relat. Elem.* **1987**, *29*, 257 ; b) T. Schlama, V. Gouverneur, C. Mioskowski, *Tetrahedron Let.* **1996**, *37*, 7047.

[52] R. R. Hiatt, M.-J. Shaio, F. Georges, *J. Org. Chem.* 1979, *44*, 3265.

[53] R. Appel, R. Kleinstück, K.-D. Ziehn, *Chem. Ber.* 1971, *104*, 1335.

[54] T. Ishkawa, *Superbases for Organic Synthesis: Guanidines, Amidines, Phosphazenes and Related Organocatalysts*, Wiley, Chichester, **2009**.

[55] G. Bison, K. Breideneichen, W. Heinelmann, W. Wolfes, *Vol. 4,252,744*, Dynamit Nobel AG, United States, **1981**.

[56] a) J. Baldamus, C. Berghof, M. L. Cole, D. J. Evans, E. Hey-Hawkins, P. C. Junk, *J. Chem. Soc., Dalton Trans.* **2002**, 4185; b) G. R. Giesbrecht, A. Shafir, J. Arnold, *J. Chem. Soc., Dalton Trans.* **1999**, 3601; c) P. B. Hitchcock, M. F. Lappert, M. Layh, *J. Chem. Soc., Dalton Trans.* **1998**, 3113.

[57] G. Wilkinson, J. M. Birmingham, *J. Am. Chem. Soc.* **1954**, *76*, 6210.

[58] J. Richter, J. Feiling, H.-G. Schmidt, M. Noltemeyer, W. Brüser, F. T. Edelmann, *Z. Anorg. Allg. Chem.* **2004**, *630*, 1269.

[59] N. Meyer, K. Lohnwitz, A. Zulys, P. W. Roesky, M. Dochnahl, S. Blechert, *Organometallics* **2006**, *25*, 3730.

[60] S. Schulz, M. Münch, U. Flörke, *Z. Anorg. Allg. Chem.* **2008**, *634*, 2221.

[61] S.-i. Ogata, A. Mochizuki, M.-a. Kakimoto, Y. Imai, *Bull. Chem. Soc. Jpn.* **1986**, *59*, 2171.

[62] B. Adam, E. Bill, E. Bothe, B. Goerdt, G. Haselhorst, K. Hildenbrand, A. Sokolowski, S. Steenken, T. Weyhermüller, K. Wieghardt, *Chem. Eur. J.* **1997**, *3*, 308.

[63] M. D. Taylor, C. P. Carter, *J. Inorg. Nucl. Chem.* **1962**, *24*, 387.

[64] R. Anwander, O. Runte, J. Eppinger, G. Gerstberger, E. Herdtweck, M. Spiegler, *J. Chem. Soc., Dalton Trans.* **1998**, 847.

[65] D. C. Bradley, J. S. Ghotra, F. A. Hart, *J. Chem. Soc., Dalton Trans.* **1973**, 1021.

[66] G. M. Sheldrick, *SHELXS-97, Program for Crystal Structure Solution, Universität Göttingen,* **1997**.

[67] G. M. Sheldrick, *SHELXL-97, Program for Crystal Structure Refinement, Universität Göttingen,* **1997**.

[68] L. J. Farrugia, *J. Appl. Cryst.* **1999**, *32*, 837.

[69] *X-STEP32 Version 1.07b, Stoe & Cie GmbH, Darmstadt,* **2000**.

[70] K. Brandenburg, *DIAMOND3.2e, Visual Crystal Structure Information System, Crystal Impact GbR, Bonn,* **2009**.

7. ANHANG

7.1. Verwendete Abkürzungen

Ad	Adamantyl
Ar	Aryl
ATR	abgeschwächte Totalreflexion
BDSA	Bis(dimethylsilyl)amid
br	verbreitert (broad)
BTSA	Bis(trimethylsilyl)amid
n-BuLi	*n*-Butyllithium
*t*Bu	*tert*-Butyl
Bz	Benzyl
bzw.	beziehungsweise
Cp	Cyclopentadienyl
DCM	Dichlormethan
d	Dublett
ddd	Dublett von Dublett von Dublett
EI	Elektronenstoßionisation
Et	Ethyl
et al.	und Mitarbeiter
h	Stunden (hours)
i-	*ipso*-
IR	Infrarotspektroskopie
KZ	Koordinationszahl
Ln	Lanthanoid
m-	*meta*-
m (NMR)	Multiplett
m (IR)	mittel (medium)
Me	Methyl
Mes	Mesityl
min	Minuten
MS	Massenspektrometrie

n-	*normal-*
NMR	kernmagnetische Resonanz
o-	*ortho-*
p-	*para-*
PEBA	*N*,*N*'-Bis(1-phenylethyl)benzamidinat
PEC	Bis(phenylethyl)-carbodiimid
PETA	*N*,*N*'-Bis(1-phenylethyl)*tert*-butylamidinat
q	Quartett
RT	Raumtemperatur
s (NMR)	Singulett
s (IR)	stark (strong)
tacn	Triazacyclononan
THF	Tetrahydrofuran
TMS	Trimetyhlsilylmethanid
vs	sehr stark (very strong)
w	schwach (weak)
z.B.	zum Beispiel

7.2. Persönliche Angaben

7.2.1. Lebenslauf

Name:	Paul Benndorf
Geburtsdatum:	30.08.1979
Geburtsort:	Berlin
Familienstand:	ledig

Schulbildung:

1986 – 1988	3.OS Berlin/Prenzlauer Berg
1988 – 1990	Botschaftsschule der DDR in Warschau
1990 – 1995	Willy-Brandt-Schule (Warschau)
1995 – 1997	Käthe-Kollwitz-OS (Gymnasium) Berlin
1997 – 1998	Tamworth High School (Australien)
1998 – 2000	Friedrich-List-OS (Gymnasium) Berlin
06/2000	Schulabschluss: Abitur

Studium:

2000 – 2006	Chemiestudium, Freie Universität Berlin
09/2002	Vordiplom
09/2005 – 03/2006	Diplomarbeit im Arbeitskreis von Prof. Dr. P. W. Roesky, Thema: „Synthese von Amidotrioxorhenium-Komplexen"
03/2006	Abschluss: Diplom Chemiker
07/2006 – 02/2008	Beginn der Promotion am Institut für Chemie und Biochemie der Freien Universität Berlin unter Anleitung von Prof. Dr. P. W. Roesky. Tätigkeit als Assistent im anorganisch-chemischen Fortgeschrittenenpraktikum
seit 02/2008	Fortsetzung der Promotion am Institut für Anorganische Chemie des Karlsruher Institut für Technologie unter Anleitung von Prof. Dr. P. W. Roesky. Tätigkeit als Assistent im anorganisch-chemischen Fortgeschrittenenpraktikum.

02/2009 – 04/2009	Forschungsaufenthalt in der Arbeitsgruppe von Prof. Dr. P. Junk und Prof. Dr. G. Deacon an der Monash University in Melbourne, Australien

Stipendien:

02/2009 – 04/2009	Auslandsstipendium des Karlsruhe House of Young Scientists (KHYS)

7.2.2. Publikationen

1. T. K. Panda, P. Benndorf, P. W. Roesky

   Substituted Cyclooctatetraene Complexes of Yttrium and Erbium with Bis(phosphin-imino)-methanides – Synthesis and Structure.

   Z. Anorg. Allg. Chem. **2005**, *631*, 81.

2. P. Benndorf, M. T. Gamer, P. W. Roesky, G. Eickerling, W. Scherer

   Amido Rhenium Trioxides: Cases of Hindered Agostic C-H...M Interactions?

   arXiv.org, e-Print Arch., Phys. **2008**, 1.

3. W. Scherer, D. J. Wolstenholme, V. Herz, G. Eickerling, A. Brück, P. Benndorf, P. W. Roesky

   On the nature of agostic interactions in transition metal amido complexes.

   Angew. Chem. **2010**, *122*, 2291; *Angew. Chem. Int. Ed.* **2010**, *50*, 2242.

4. P. Benndorf, C. Preuß, P. W. Roesky

   Synthesis of Enantiomeric Pure Lithium and Potassium Benzamidinate Complexes

   J. Organomet. Chem. **2010**, angenommen.

Danksagung

Vielen Dank zunächst einmal an Prof. Dr. Peter Roesky für die ausgezeichnete Betreuung dieser Arbeit. Nicht nur durch seine fachliche Kompetenz stand er mit Rat und Tat zur Seite sondern auch mit seinen immer besser werdenden Kickerfertigkeiten, auch wenn das „erste Spiel nach dem Essen“ manchmal das Sparschwein glücklich grunzen ließ.

Für die Korrektur dieser Arbeit bedanke ich mich ganz herzlich bei Jelena Jenter, Sebastian Marks und Jochen Kratsch. Dadurch konnte dieses nun absolut fehlerfreie Werk entstehen.

Bei Larissa Zielke und Jelena Jenter möchte ich mich für die tolle Laboratmosphäre und den vielen Überraschungseiern bedanken, die die Laborarbeit versüßt haben. Bei Larissa möchte ich mich noch zusätzlich für die professionellen Synthesearbeiten bedanken, die sie mit „gutem“ Betragen für mich durchgeführt hat.

Vielen Dank auch meinen Vertieferpraktikanten Corinna Preuß, Tobias Brunner und Sophia Schulz für das engagierte und selbständige Arbeiten und den sehr guten Ergebnissen.

Den aktuellen und ehemaligen Mitgliedern der Arbeitsgruppe möchte ich für das angenehme Arbeitsklima danken. Mit Ihnen war es nie langweilig und man konnte sich immer auf den Arbeitstag freuen.

Den Mitarbeitern der Serviceabteilungen und Verwaltung danke ich für die gute und freundliche Zusammenarbeit.

Bedanken möchte ich mich auch bei Leon Kicker und den Teilnehmern seines Frustbewältigungsseminars. Obwohl das Seminar von Herrn Kicker exzellent geführt wurde, war es für mich immer wieder überraschend, dass er als Angestellter eines naturwissenschaftlichen Institutes eklatante Schwächen im Bereich Physik aufwies.

Dem KHYS (Karlsruhe House of Young Scientists) danke ich für die Finanzierung meines dreimonatigen Forschungsaufenthaltes an der Monash University, Melbourne Australien.

Ein großer Dank gilt auch meiner Familie, die mich großzügig finanziell und moralisch während meiner gesamten Studien- und Promotionszeit unterstützt hat.

Ein ganz besonders großes Dankeschön gebührt Ilona Papp, die mir immer beiseite stand und dieses „Jetset“-Leben mitgemacht hat.

